[日] 山下英子——著

张璐——译

モノと心を軽くする、
私の断捨離

山下英子

我的断舍离

湖南文艺出版社
HUNAN LITERATURE AND ART PUBLISHING HOUSE

博集天卷
CS-BOOKY

CONTENTS

人生中,你看重的是什么? 007

开始断舍离之前须知道的事情——
①断舍离,行动要先于思考 009

开始断舍离之前须知道的事情——
②越过这3条边界,断舍离便面临着失败 013

开始断舍离之前须知道的事情——
③九成的人都理解错了!什么才是真正的断舍离? 017

那些怡然度日的人的断舍离生活 025

01 家中只有精挑细选出来的心爱之物 030
室内设计公司负责人 石川敬子

02 不要让物品掩盖古民宅的珍贵原貌 048
建筑师 相原圆

03 时空交错的家中,没有"被封印"的地方 064
电台主播 Chris(克丽丝)智子

04 重新装修时进行了断舍离,发现只用一半的东西就能度日 082
主妇 H·K

今天就想马上开始！
越放手，越干脆。何谓山下英子的"断舍离"？ 098

危险！断舍离时迷惑你的3类词 101

断舍离为何会改变人生？
因为它重新回归了"当下""此处""自我" 108

基于空间来考虑问题，
"房间有八成空闲空间"才是理想状态 114

一定要鼓起勇气去面对
如何打赢和家人的"争夺战"的问题 118

这里要断舍离！ 121

说不定全能扔掉？！被封印的魔鬼地带 121

有些地方丧失了原本的功能，变成置物台 129

门窗周围被物品堵得密不透风 133

"啊？在这里能做出好吃的饭吗？"
——让人不忍直视的厨房 140

衣服堆成山，却没一件想穿！
——失去新鲜感的衣柜 156

休息空间惨不忍睹，日式房间变成仓库 169

拥有璀璨人生的人
也是断舍离的践行者 183

打造空间，规范举止，助你升级人生
山下英子 x 诹内江美 183

物品繁多也能自在生活的人都有一种才能，那就是打造一个让自己舒心的空间 191

- **01 房屋狭小却不觉得逼仄，现有物量让人舒适惬意** 200
  杂货店老板 Dzegede（泽格德）真琴
- **02 尽心钻研与物品的相处之道，用最合适的物量度日** 211
  艺术馆老板 江波户玲子
- **03 断舍离后，留下的是自己钟爱的"一线队员"；选择物品时，坚持"自我轴"不动摇** 221
  网店老板 坏美保

无论人还是物，只要是没用的，就都放下，开心快乐地生活，用断舍离迎接人生终点 231

CONTENTS

舍弃一件物品后，
舍弃就会越来越干脆

有的家庭，
最后成功地断舍离了
6卡车的物品！

"舍弃物品的数量让我目瞪口呆！我感受到身边究竟围绕着多少没用的东西，自己生活在怎样的环境里，以及这究竟有多么可怕。阳光照进房间，明亮开阔，我第一次发现，自己家居然这么宽敞。房间变得整洁清爽以后，再添置物品时，我也变得慎重起来。"（断舍离的践行者的感想）

人生中,你看重的是什么?

你有没有准备好一间屋子,足以迎接美好的未来?

一间能让工作更为顺手,自身实力得到发挥的屋子;一间能满足兴趣爱好的屋子;一间能让家人感到舒服自在的屋子……每个人,都可以拥有一个理想的家,一处理想的空间。

断舍离并不是整理术,而是为你打造一间助你实现人生目标的屋子。这也正是断舍离能让人生变得更加美好的原因。

我们编写这本书的初衷,是希望你能重新"珍重自己"。

其实,不忍心放手的人都有一个共同点,那便是把"物品"和"他人"看得比自己重要,忽视了自己。

一旦开始放手,任何一个家庭,都能在断舍离的道路上越走越顺畅。因为,在舍弃物品的过程中直面自己的人生,会将心中的阴霾一扫而空。

我们造访过许多家庭。家里无论物品多到何种地步，都能通过断舍离，让家里的空间变得清爽，让家人身边环绕的物品变成真正需要的物品。家里无论存在着怎样的关系问题，都能通过断舍离，让家人们的面容变得明朗起来。

为什么呢？答案很简单。因为现在，家里的主角既不是物品，也不是他人，而是住在这所房子中的人。

你最近有没有露出过笑容？有没有和家人、朋友开心地畅聊一场？

为了能在人生中绽放出发自内心的笑容，开始断舍离吧！

让你不忍直视的家，
也许正是造成你人生停摆的原因。

开始断舍离之前须知道的事情——

① 断舍离,行动要先于思考

先行动起来！

试着舍弃

破损后不再使用的器皿，脚跟处已经磨损的袜子，过期的储备食品，类似这样的物品，不管什么，先丢弃一件试试。

不必烦恼该从何处着手,将眼前看到的"无用之物"扔出去,并持之以恒,生活空间便会变得充裕起来。

先行动起来!

试着给物品挪挪地

长期摆在固定位置的椅子、沙发和其他家具,堆在地板上便放任不管的"书山",试着给它们挪挪地。尤其是那些挡住门窗的物品,也许就是它们导致空间内气场不顺的!我们给阳光和空气留出一条通道，让眼前的景象焕然一新，也能提升干劲！

先行动起来！

试着利用 5 分钟的空闲时间丢掉 3 件物品

"没时间"，是无法进行断舍离的人摆出的头号理由。然而，时间都是挤出来的。比如，利用早上挑选衣服的 5 分钟，断舍离掉衣柜里的 3 件衣物，或者从大量的文具中选出

3件丢掉，养成可以在短时间内进行断舍离的意识。你慢慢地就会发现，屋内的空间开阔起来了。

仅仅只有1件，
恰恰是这1件！

改变人生，从1件物品的断舍离开始！

放手1件无用之物，
创造1分空间。

舍弃1件多余之物，
减轻1份负担。

减少1件不需之物，
找回1丝清爽。

【摄影：林宏　插画：袖山加穗子　撰文：藤田都美子】

开始断舍离之前须知道的事情——

② 越过这 3 条边界,断舍离便面临着失败

我们为何无法放手?

断舍离,是直面人生!

失败的边缘

你是否知道断舍离的目的究竟是什么？

断舍离的目的，并不仅仅在于精简物品。首先，要搞清楚究竟为何要断舍离，确定自己想呈现怎样的效果，想让这个场所做何用途。举例来说，本想给孩子打造一间书房，却让早已不玩的玩具和大量的相册占满整个空间。这就本末倒置了。要明白，若想让孩子露出笑脸，开阔的空间远比旧玩具重要。另外，也不要把父母的物品放在孩子的地盘里。侵占孩子的空间，就等于侵蚀孩子的人生。

杂乱无章

失败的边缘

你是否对物品有强烈的执念？

我们总是无意中试图用物品填补内心的空虚。比如，感到有压力时，就会暴饮暴食。如果你觉得，为了填补空虚，家里的东西急剧地增加了，那就要格外注意了。孤单寂寞，期待获得认同，你是否以为这些悬而未决的心理问题通过购物就能得到解决？正如感到压力时，暴饮暴食，最后徒留毫无用处的赘肉，让自己后悔不已一样，买再多的东西，也填补不了内心的空虚。回过神来才发现，家里已经满是用不着的物品，成了"垃圾屋"……去面对隐藏在物品背后的本质问题吧！

失败的边缘

3

你是否在逃避自己不想承认的现实？

物品背后都有"物语"。别人认为已经没用了的物品，为何却对自己有特殊的意义呢？让我们聚焦于物品本身，来思考一下这个问题。在自己人生最辉煌的时刻购买的物品，证明自己的努力得到了认可的物品，曾经追梦时留下的"断壁残垣"，诸如此类，不都是一些能带给我们"自我肯定感"，从而使得我们舍不得放手的物品吗？然而，这些"自我肯定感"都已成为"过去时"，不过是海市蜃楼而已。为了喜欢上现在的自己，让现在的自己变得自信，鼓起勇气，对曾经的"遗产"放手吧！

开始断舍离之前须知道的事情——

③ 九成的人都理解错了！什么才是真正的断舍离？

步步为营，让断舍离顺利进行

断舍离，第一步就是俯瞰物品，只留下"对现在的自己而言必不可少的东西"。想把房间整理得干净清爽的人当中，有些人在完全没有精简物品的状态下就去打扫房间，也有人打算专门置办个博古架，放在本就堆满物品的房间里，效果却着实不尽如人意。只有先迈出"精简物品"的第一步，才能让打扫变得轻松，装潢也显得熠熠生辉。

从放手开始做起，房间焕然一新。

第 1 步

放手得
干脆利落

把自己现有的物品都摆出来,整体审视,只留下必要的东西。做不到这一点,打扫也好,装饰也罢,都是白费力气!就以这样的觉悟开始断舍离吧!

第 2 步

打扫得
窗明几净

物品少了,打扫自然也就轻松起来。房间干净整洁,是直接关乎身体健康的重要因素。想让空间易于打扫,断舍离至关重要。

第 3 步

装饰得
赏心悦目

空间里装饰着自己喜欢的物品,赏心悦目。只有干脆利落地断舍离,才能让房间变得生机勃勃。为了"装饰"时能漂亮地收尾,也要果断地断舍离!

步骤颠倒,就会失败!

先从装饰做起的人

如果你认为,只要把家人的照片、鲜花、喜欢的摆件和画统统装饰起来,房间就会变得美观,那就大错特错了。被物品堆得满满当当的空间,再多的装饰,也无济于事。

先从打扫做起的人

地板上堆放着物品,就会有灰尘沉积,这也会导致房间变得脏乱。露出来的地面无论再怎样清扫,房间也干净不了。精简物品,也有助于保持身体健康。

这样做，
可以更加迅速地断舍离！

分清"能用"和"必要"

　　选择物品的标准，不是"是否能用"，而是"是否必要"。想着"来客人的时候用得到"，于是除了家人自用的，还准备了许多其他的餐具，导致每天吃饭时，取用起来很费事，这便是"做无用功"的表现。比起"以防万一"，眼下的舒适惬意，才能让生活中的沉闷阴郁都烟消云散。

先丢掉收纳用品

为了整理房间而购买收纳用品,称得上"断舍离"最不提倡的行为了。有太多的人,恰恰因为有了收纳用品,才让不需要的物品变得越来越多。断舍离式思维,是在扔掉物品时,先扔掉用来盛放它们的收纳用品。

丢掉"没准能卖掉"的念头!

断舍离的过程中,有时会出现这样的情况:准备清理物品时,觉得"这个没准能卖掉",于是本该扔掉的东西就成了"准备卖掉的东西",继续留在了家里。真想断舍离,就别那么小气,干脆利落地处理掉!

从"勤俭节约"中跳脱出来!

做不到断舍离的家庭,都拥有大量的空点心盒、购物袋、纸袋,想着或许能派上用场,于是攒了又攒,把宝贵的空间填得满满当当的。可这类物品是源源不断的,所以即使全部扔掉,也不会感到任何不便。

**家中满是物品,无处下脚!
对"身在家中却无家可归"说再见吧!**

住在舒适漂亮的房间里，
自然而然就做到了断舍离

那些怡然度日的人的断舍离生活

身边围绕的都是自己的心爱之物，每一天都过得舒适而幸福。那些怡然度日的人，在房间布局上，有很多地方都和断舍离的理念不谋而合。

平日里，大家在布置房间时，又会注意哪些方面呢？

让我们从他们对空间的规划中得到启发，来打造自己的房间，过上对自己而言有价值的生活，找到对自己而言有价值的生存方式。

【摄影：林宏（P30—81） 三村健二（P82—97）
撰文：藤田都美子（P25—29） mao（P30—97）】

地下桌上，空无一物

地面空空荡荡，打扫时轻而易举。桌上清清爽爽，想用随时都能用。地下桌上空无一物，不仅看起来清爽美观，还能提升生活品质。

少储备

厨房用品,清洗剂、卫生纸,诸如此类的日用品,我们往往都会储备一些。可怡然度日的人不约而同地认为"用完再买不就得了"。

收纳用具本就不多

这些人还有一个共同点,那就是除了房间现有的收纳空间,用于收纳的用具极少。另外一个特点是不会把收纳用具塞得满满当当的。他们明白,房间里的收纳用具若越来越多,不仅会压迫空间,同时会成为导致物品堆积的"万恶之源"。

把房间里的物品全换成"自己的色彩"

产品自带的包装五颜六色的,为了让房间显得清爽整洁,他们会把物品装进与房间风格相称的容器里,或者撕掉商标。

高品质的物品越来越多

添置物品时敏感而慎重。不买无用之物,添置的都是真正想要的东西,自己的房间自然而然就会变成"百宝箱",成为优质空间。

自己喜欢的物品,物尽其用,大方展示

这些人不会做"把钟爱之物束之高阁"的事情。因为钟爱,才要物尽其用;因为珍视,才要大方展示。能够"让心爱之物都大放异彩"的房间,才更美妙。

没有"家里通常都会有"的东西

沙发、电视机、高大的餐具柜,这些起居室里的常见物品,在他们家中却不见踪影。原因就是不需要。他们不会随波逐流,而是精挑细选出自己的必备之物。

过上"简单生活"

不添置多余之物,坚决舍弃无用之物。试试这种生活方式,你会发现吃的东西不知不觉变成了有机食品,穿衣也开始偏爱天然材质,生活似乎也变得越发简单。

客厅、起居室和饭厅都是白色基调的。窗外有樱花树和梅花树。"梅子丰收后,泡在白兰地里,美美地享用。"

家中只有精挑细选
出来的心爱之物

室内设计公司负责人
石川敬子

01

简介　FILE 株式会社负责人。公司创立的目标是打造符合住户心意、适合住户生活方式的空间。业务包括厨房设计，洗脸台、家具、门窗隔扇的制作与销售，以及新房装修和旧房改造等。在京都也开设了家居店。http://file-g.com/

身边有太多物品，心灵也得不到休憩

不在家中放置多余物品，目的是让喜欢的物品发挥出更大的作用。对自己来说不必要的物品，果断放手。怡然度日的石川女士，行事风格就是如此。

石川女士经营着一家提供住宅设计和规划方案的公司——FILE 株式会社。她自己的家同时也是样板房。一楼是生活空间，二楼是事务所。玄关处连一双鞋的影子都没有，石川女士的清爽生活，由此也可见一斑。

细想来，石川女士的家之所以给

人以"整洁清爽"的印象，决定性的一点是，家中完全见不到产品自带的包装！"我不喜欢产品自带的包装，会让家里看起来乱七八糟的。所以东西买回家后，我会立刻把它们装到其他容器里，并且绝不会摆在明面上。"她坚定地说。她还告诉我们，如果觉得装到其他容器里太费事了，可以把包装拆掉，或者尽量选择一些漂亮的包装，仅凭这样一个小小的举措，也能让房间看起来大不一样。

石川女士原本就擅长整理，只要有东西没整理好，她就会坐立不安。她说，由于工作关系，她也常常帮助重新装修的客户进行整理。"我会对客户说，断舍离吧，让身边围绕的都是自己钟爱的物品。有些人，明明拥有又贵又好的东西，却把它们埋没在物品堆成的小山里，导致难能可贵的好东西黯然失色。衣服也是一样，很多人都以'瘦下来就能穿了''买的时候还挺贵的'为由，舍不得扔掉。"

另外，对现在的自己而言"不必要"的物品，立刻放手。"别人送的可爱的点心盒子啦，便利店的一次性筷子啦，这样的东西都毫不犹豫地扔掉。卫生纸、保鲜膜、厨房用纸等的储备量也控制在最低限度，因为用完再买就可以了。"看见石川女士放手得如此干脆利落，我不禁想要说一句："好帅啊！"

相对而言，添置物品也要仔细斟酌。"我经常会问自己：'这件物品有朝一日会不会变成垃圾呢？'几乎从来不会冲动购物。也正因为经过了严格挑选，才遇见经久耐用的物品。"

@KITCHEN

一天中待在这里的时间最长
满目清爽,是最大的幸福

在家里,石川女士最喜欢的地方就是厨房。对自儿时起就喜欢烹饪的她来说,烹饪的时间里,身心都能得到慰藉。所以,才更要保持厨房的整洁。

员工也会聚在厨房里

石川女士的家同时也是她工作的地方,在家做饭的概率极高。有时,石川女士会请公司的员工们在这里用餐。
"每到晚饭时间,就会有一两名员工从2楼的工作室下来(笑),这里就像食堂一样。"

料理台上空无一物

石川女士的行为准则是除了做饭时,不在料理台上放置任何物品。"睡前我会把料理台的台面清空,这里如果有东西,我会觉得非常别扭,无法集中精力。"

物品位置一目了然，没有一件被埋没

石川女士家的每件餐具都是"一线队员"。她的秘诀是收纳餐具时，记得做到"打开抽屉后，里面的东西一目了然"。避免把餐具摞得太高，导致下方的餐具被遗忘。

消耗品不做储备，用完再买

"我不会储备保鲜膜和密封袋一类的东西。到处都有卖的，用完再买就可以了。"

享受使用心爱餐具时
紧张兮兮的感觉

对石川女士而言,餐具是让生活变得有滋有味的重要元素。她十分珍爱长年使用的餐具,它们也因此常保美丽。

25年前"一见钟情"买下的碗。"当时虽然觉得贵,但还是买了。这个真的很棒,能用这么久,一直用到现在,我心满意足。"石川女士微笑着说。

锡制的餐具。"我从幼时起就没用过塑料餐具,能养成现在的审美,也许也有这方面的原因。"

精致的茶壶和酒具。"怕打破了,所以使用时,格外小心翼翼。我很喜欢这种紧张兮兮的感觉。"喜欢的物品,就要长长久久地用下去,这是石川女士的行事风格。

家电统一成白色,更显清爽

抽油烟机和冰箱都是白色的。整体色调统一,丝毫不显杂乱。

给食材换装，把握总量

"食材自带的包装，和我厨房的风格不太相称。我每天都要与食材见面，所以想把它们收拾得整整齐齐的。"石川女士如是说。比起换装时的烦琐，换装后的畅快更重要。

做饭时常用的干菜等食材，全部整齐地排列在抽屉里。"关键是一眼就能看出还有多少库存。有时，看到这些食材，我会想到'快过期了，今天要把它用掉'，在此基础上考虑当天的菜单。"

冰箱里的食材也都统一装在形状相同的容器里。"变变位置啦，换换包装啦，我很喜欢这些反复探索的时间。"

@BEDROOM

卧室没有多余之物,身心都能得到休憩

卧室的色调统一成原木色调,给人以沉静安稳的感觉,极其简约。衣柜内部的模样不会直接进入视线,整个空间让人感受不到丝毫压力。

藏品并未束之高阁，而是用来装饰房间

"这些其实是我们夫妻二人共同的收藏，所以辟出了一块空间来摆放它们。由于是当初两个人一起收藏的非常珍贵的物品，我们没有收起来，而是摆出来作为装饰，以便随时都能欣赏。"

基础色，基本款，减少犹豫不决的时间

衣服大多是白色、黑色、米色等基础色。"我一直坚持把衣服数量控制在衣柜能放得下的程度。喜欢的款式会买好几件不同颜色的，有时也会买好几件一模一样的。选购标准是和我现有的衣物要搭配。"

床铺周围不放置任何物品

不在床铺周围放置杂七杂八的物品，降低压迫感。视野范围内没有多余的物品，睡得也安稳。

梳妆台也清清爽爽

梳妆台的抽屉里放的是与工作相关的物品，以及首饰。桌上仍旧空空荡荡。

衣物平放，不过度摞放

牛仔裤之类的衣物一律平放。上衣基本都用衣架挂起来。收进了衣柜。每件衣服的位置都一目了然，避免出现"我都忘了还有这件衣服，连穿都没有穿过"的情况。

@LIVING ROOM

工作生活两不误，轻松愉快

和家人团聚，与客户开会，都在客厅进行。石川女士说："工作是兴趣的延伸。"她的客厅，最重要的就是要轻松自在。

不看电视时就把它藏起来，放松心情

原以为不过是个很漂亮的柜子，里面居然藏着电视机。"电视机直接摆在外面，会让我觉得有压迫感，静不下心来，所以不看的时候就关上柜门。"

把开会时要用的资料归拢到一处

和客户开会时需要用到的书都放在同一个书架上。归拢在一处，而不是东放一本，西放一本的。这样不仅找起来省力，而且看起来整洁。

@RESTROOM & WASHROOM

买进来容易扔出去难，所以要将物品数量控制在最低限度

害怕不够，所以我们往往会囤积消耗品，还总是购买各式各样的化妆品。然而在石川女士家中，这些东西的数量都控制在最低限度。

不囤积卫生纸

"快用完时去买就行了。"这一想法在卫生间里也得到了贯彻。卫生纸只有一袋。"卷纸快用完时就拆下来,遛狗时用来给狗处理粪便。"

使用多功能化妆品,减少化妆品数量

"买一大堆化妆品容易,可用不完要扔掉时,又要倒掉残余,又要清洗容器,实在费事。所以要选定适合自己的产品,不多买。"把化妆品数量控制在最少,也能显得干净利落。

断舍离小提示：

先放手一件，再添置一件，循环往复。找到乐于接手的人。

石川女士在添置新衣或餐具时，会先将不用的物品送给员工或朋友。她说："拿去二手店也怪麻烦的，送给乐于接受它们的人才是最开心的。"

卧室里的物品少得惊人。"拆掉拉门，把两间屋子连成一个整体来使用。"

不要让物品掩盖古民宅的珍贵原貌

建筑师
相原圆

02

简介　　一级建筑师事务所——YUUA 建筑设计事务所主理人。业务包含以建筑设计、室内设计、产品设计为主的各类设计工作。其特色是创作出与个人、环境和时间都相得益彰、意趣满满的设计。https://yuua.jp/

用得着的物品数量有限，只留下自己喜欢的

东西少的秘密在于房屋本身的力量。"木头经历了岁月，会变得越来越有韵味。建材本身就具有非常强大的力量，不用多余装饰，照样光彩夺目。"相原女士说。

作为一名建筑师，相原女士现在是 YUUA 建筑设计事务所的主理人。2014 年，她买下了位于东京高圆寺的一间古民宅，既用来居住，同时也是事务所。这间房龄 80 多年的古民宅，原是一家日式点心铺。听相原女士说，她并不是有意要找一间古民宅，而是找房子时恰好遇到，就买了下来。1 楼

是会议室、事务所和厨房,2楼是卧室,这便是她现在的生活环境。

1楼的事务所,原来的"土间"[1]现在被当成会议室,这里的天花板很高,摆放着桌椅和放有资料的书架。没有其他多余的东西,空间显得更为开阔了。

尤其让我们惊叹"东西好少"的地方,是位于2楼的卧室。拆掉拉门,把两间屋子连成一个整体。里面的家具,只有床、电视机,以及柜子,柜子里是需要保存的工作文件。的确是一个能体现出"木材本身的力量"的美妙空间。

家里物品虽少,"展示区"却有好几处,装饰着相原女士喜欢的小玩意,以及满载回忆的物件。"我会把喜欢的东西精心地装饰起来,展示出来。收起来,意味着不喜欢。那样的东西我会拿去回收再利用,或者把它们送给新的主人。"

添置物品时,要经过一番深思熟虑,所以她不会添置奇奇怪怪的东西,也避免物品还未能物尽其用就被扫地出门的情况。"深思熟虑后才购置的物品,可以用很久。我的父母也很爱惜物品,让它们得以被长久地使用。从我祖母那辈就开始戴的珠宝,我现在还在戴。我想这也是受到父母的影响。"

这次采访期间,相原女士又一次进行了断舍离。她微笑着说:"工作很忙,没办法每天都认真坚持断舍离,现在我更加确信,像这样偶尔拿出整块的时间来重新审视物品,真的非常重要。"

---

[1] 指日式房间中的泥地房间,即房屋内的地面为泥地或三合土的地方。这是连接屋内和屋外的过渡空间。——译者注(后文页下注如无特殊说明,均为译者注。)

@MEETING SPACE

感受日式点心铺的余韵，
原汁原味地利用开阔空间

会议室原本是"土间"。大大的窗子，高高的天花板，相原女士没有用物品将这一开阔的空间埋没，而是发挥了它的优势。

地面空无一物，
天花板显得更高了

由开会时用的桌椅组成的空间。
当然，地面上空无一物。

入口令人充满期待

有着 80 余年历史的门面是最大亮点!"有时候也会有路人走进来,以为这里是商店或咖啡屋(笑)。"

柔和的阳光照进大大的窗

玻璃门原是日式点心铺的入口,相原女士也原样地沿用了。她说她很喜欢柔和的阳光照进来的感觉。晚上就拉起百叶窗,保护隐私。

书脊整齐划一,整洁美观

开会时要用的资料整齐地排列在书架上。同一系列的书摆在一起,书脊整齐划一,整洁美观。

@KITCHEN

餐具和厨具，
控制在餐具柜装得下的程度

宽敞的厨房同时也是餐厅，坐落在1楼。干净整洁的料理台，能倒映出背景里庭院的景色。

料理台上总是空空如也

378cm × 97cm 的宽大料理台。除了做饭的时候,尽量不在上面放置物品。

厨房同时也是餐厅

厨房前方的区域也充当着餐厅的角色。"用餐只要一小块地方就够了,所以我觉得没必要准备餐桌。"

极少添置餐具

仅用料理台下方的部分区域来收纳餐具。"我极少买餐具,现有的就足够了。"

全部的厨具只有这些

"我把厨具的数量控制在最低限度。不过,我男朋友喜欢烹饪,所以现在稍微多了一点。"
相原女士说。
已经够少了好不好!

@BEDROOM

东西少到令人咂舌？
即使如此，也丝毫不会觉得不便

2楼拆了拉门，空间变得非常开阔。床、电视机，再加上少量的装饰，有这些就足够了。

壁龛处的物品少到极致，简约舒适

人们往往会在壁龛处摆上各种装饰品，可相原女士基本没有摆放什么东西。"对我来说，简约就意味着舒适。"

东西少了，挂轴与花才更醒目

东西少了，壁龛的挂轴与花才显得更为醒目。顺便提一句，地板原是榻榻米，为了贴近自己的生活习惯，重新铺成木地板了。

床也"兼职"沙发

相原女士家没有沙发。"我也想买一张，但好不容易买一次，便想选个完全称心如意的，所以一直没选好。"她随后又补充道："不过有床也确实够用了。"

穿着固定化

工作时的穿着，固定选择喜欢的品牌。"从左至右，是我在隆冬盛夏时节之外穿的外套、正式场合穿的连衣裙，开会时披在外面的短上衣。喜欢的衣服，我会穿很久。"

需要保存的文件也陈列得美观

建筑类的相关文件需要保存15年。文件都整整齐齐地排列在不锈钢架子上。外面罩的是丝质的布，角度不同，视觉效果也不一样，非常漂亮。

@OTHERS

自己喜欢的物品，满载回忆的物品，不会束之高阁，而是大方展示

相原女士家里，能看见俏皮可爱的"展示区"。充满回忆的物品，自己喜爱的物品，都被当作装饰品，焕发着光彩。

充满回忆的物品，收到的礼物，都集中在展示区

相原女士设置了好几处展示区，用于展示她喜欢的物件。家里物品总量适中，所以并不显得杂乱无章，反而显得熠熠生辉。

2楼壁龛的橱架上摆放的物品。"每一件都很契合家里的风格，我很喜欢。"

充满回忆的物件摆在了从办公区能看到的地方。从外面看不到，所以并不影响整洁美观。

带有当地特色的乐高和小摆件在楼梯附近的横梁处"排排站"，童趣满满。

断舍离小提示：

周末是断舍离日。
静下心来，与物品面对面。

平时，相原女士都一心扑在工作上，因此她往往会在周末统一进行整理。"比起每天认真坚持，我都是在周末拿出一整块时间来整理。"关键是要抽出时间，认真地与物品面对面。

阳光透过大大的落地窗照进餐厅。身在厨房,看着餐厅里的家人和朋友,是让心灵得到疗愈的时光。

时空交错的家中,
没有"被封印"的地方

电台主播
Chris(克丽丝)智子

03

简介 / 除了担任电台主播，还活跃于电视节目主持、广告旁白、朗读、作词、撰写随笔等诸多领域。现在担任 J-WAVE 下午时段的系列节目 "GOOD NEIGHBORS"（周一至周四 13:00—16:30）、"CREADIO"（周六 2:30—3:00）的主播。http://christomoko.com/

重新审视物品，
也是一种转换心情的方式

  Chris 女士自儿时起，经历过 22 次搬家，每搬一次家就经历一次断舍离，有着丰富的断舍离经验。

  4 年前，她搬进了如今在镰仓的家。对每天活跃于电台直播和撰写随笔等诸多领域的 Chris 女士来说，家是休养生息的地方。她毫无保留地公开了舒适整洁的家中的诸多区域，让人觉得，"被封印的地方"这种概念，在 Chris 家里根本不存在。

  祖母的工作与古董有关，从小耳濡目染的她，家里也摆放着各式各样的复古物件,她灵活地变换着它们的用途。"现在的家具,只具备单一的功能。可过去的东西,就说橱架吧,放什么东西,做什么用途都可以。所以我每搬一次家,它们的用途都会发生变化。"玄关的鞋柜曾是书柜,客厅里摆放蜡烛的橱柜也曾是餐具柜,"Chris 式作风",就是用鲜活的创意让物品得以循环使用。

祖母的思维方式也给 Chris 的家居设计带来了影响。"我觉得,在美国,享受家居设计的乐趣和整理是一个整体,但在日本,把二者分而论之。在美国,'整理是为了享受家居设计的乐趣'的观念深入人心,房间不显得杂乱,原因或许就在于此。"

"不仅是舍弃物品的时候,而且在添置物品时,我脑海里也时常想着断舍离。"Chris 女士说。她会在认真地考虑"我会真的爱它吗"之后再添置物品,所以在这方面从未失过手。东西不再需要时,要么送给朋友,要么拿到自由市场,大方放手。

对 Chris 女士来说,"不过分整齐"才是让她觉得舒服自在的状态。但这并不意味着物品杂乱无章,而是指复古的老物件和新鲜玩意处于同一时空。我们发觉,这正是 Chris 女士的家让人感到独具一格的原因所在。

@LIVING ROOM
&DINING ROOM

客厅、餐厅、厨房融为一体,深得我心

不给空间设置分界线,有微风和阳光穿堂而过的客厅、餐厅和厨房,是 Chris 女士在家里最喜欢的地方。

清爽整洁，
完美地展现大落地窗带来的开阔感觉

客厅双面采光，明亮开阔。物品集中在充当电视柜的长椅周围，给人以宽敞通透的感觉。

咖啡桌是主角

名曰"ishi"[1]的咖啡桌,出自 nendo 设计工作室[2]之手。有种在家里也能观赏到河中石头的清新感觉。石头中有 6 个是桌腿,其余则是装饰。

地面空无一物,打扫轻轻松松

空间开阔的秘诀在于地面。"地面空无一物,打扫起来也轻松。"Chris 女士说。照片正中央是她很喜欢的古董钢琴。

---

[1] 日语中意为"石头"。
[2] 设计师佐藤大创立于 2002 年的设计工作室。

@WORK SPACE

这里有工作，有爱好，能创造出各种事物

Chris女士在厨房旁边开辟了一块区域，同时用于工作和爱好。居家隔离期间，她还在这里做过电台直播。

展示儿子的作品

进入 Chris 女士家,首先映入眼帘的便是一幅幅华丽的画作。其实,这些画作都出自她还在读小学的儿子之手!她开心地说:"我很喜欢和儿子一起搞创作。"

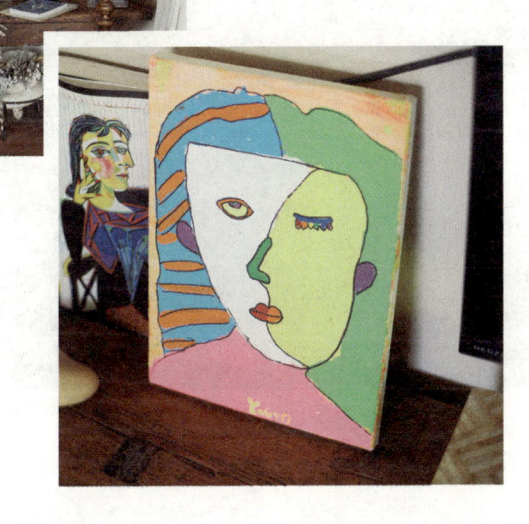

"现在"用来摆放蜡烛的柜子

来自法国的古董橱柜,在不同时期有着不同的用途。

"以前是餐具柜来着。"

把衬衫柜变成
"盛放爱好的柜子"

曾用来放衬衫的柜子,如今用来收纳的是贺卡和文件之类的物品。

紧挨厨房,活动方便

工作区和厨房紧紧相邻。"做饭的间隙,可以稍微做点工作,非常方便。"

@KITCHEN

丈夫和我都喜欢烹饪
产品自带的包装放到"暗处"

由于喜欢烹饪,厨房里的东西相对多一些。它们并不仅仅是摆设,每件物品都是活跃在一线的"不可或缺之物"。

摆上花，周围便不会杂乱无章

我们发现，料理台干净得没有任何杂物。"摆上花后，便会想把周围也整理得干净漂亮。"Chris 女士发觉这是让这里保持整洁的秘诀。

色调统一，整洁美观

"厨房的主色调是蓝色和奶油色。最开始的时候定好基调，添置物品时，就不会购买不必要的物品了。"

物品平铺，一目了然

抽屉里的餐具不会摞得老高，而是平铺。有哪些东西，一目了然，也不会有用不着的东西。

展示出来，就不会有物品被埋没

餐具柜很像商店的展示橱窗。Chris 女士说，这是为了客人来做客时能够自由取用。一眼能望到底，所以不会有餐具被埋没。

@OTHERS

打造舒适空间，是一种享受

只要明确了自己的喜好，家中任何地方都不会出现奇怪的物品。

能观赏满园绿色的日式房间

2楼的日式房间被用作客房。房间里只有一个柜子，极其简约，让窗外的景色显得格外美丽。

为了方便客人使用，
柜子一直留有一部分闲置空间。

卧室，物品少到极致

卧室简约到除了床别无他物。Chris 女士说，为了与房间原有的木质墙壁相称，百叶窗也选择了木质的。"用窗帘把窗子遮起来，太可惜了。"

古董鞋柜在玄关焕发生机

薄荷绿的鞋柜，是 Chris 女士买的第一件老物件。独占玄关，更让它显得生机勃勃，存在感满满。

壁纸华丽,其他的地方就要简约

把物品数量控制在最低限度,洗脸台才不显得杂乱。"洗脸池是从美国运过来的。"

断舍离小提示:

如何使用,自己做主,调整用途,家具循环利用。

　　玄关的鞋柜原本是放在仓库里的工具箱,以前,它也被用作书架。衬衫柜可以用作文件柜。灵活调整家具的用途,让它们适应当下的生活状态,便能长久地使用。

白色与米色完美搭配的厨房。自然光从窗子透进来，让空间显得更加明亮开阔了。

重新装修时进行了断舍离，
发现只用一半的东西就能度日

04

主妇 H·K

简介 / 结婚后，搬到横滨市一处幽静的住宅区，和爱犬一起过着随心所欲的生活。女儿一家居住的房子就在公寓旁边，和外孙也能经常见面。

重新出发，过一个人的惬意生活

"年过六旬，抱着'让生活更简约'的想法，我对房屋整体进行了重新装修。那个时候，断舍离了大量物品。"结婚后，H·K女士便立即搬进了横滨一处幽静的住宅区的公寓里。女儿独立、丈夫去世后，H·K女士觉得，无论空间还是东西，都太富余了，于是果断地进行了重新装修，只把房屋的一半空间用于日常起居，剩余一半留给女儿一家居住，或者当作客房。

她说，重新装修时的一番断舍离，

让她有了很多感悟。"仔细地想想，用得着的物品是很有限的。穿的用的都是固定的几样，那时候东西太多了。"重新装修后，家里虽然也有很多原本就安装好的功能性收纳空间，但由于清理了物品，这些地方有不少都是空着的。

一天中，H·K女士在厨房里度过的时间是最长的。她的食材储备之少，着实让我们大吃一惊。"附近就有超市，需要时去买就行了。超市里商用冷柜的功能总比家里的冰箱要强大吧（笑）？"她的回答幽默感十足。其他的生活用品的储备虽然也很少，但丝毫不会对生活产生影响。

除此之外，她还处理了大量的餐具和厨具。"用来做点心的厨具几乎都被我处理了。如今这个时代，这些东西在百元店就能买到，我想，需要用时再去买就可以了。"合情合理。

H·K女士还断舍离了一类物品，那就是亡夫的遗物。"全部整理完毕花了6年时间。起初还是舍不得扔掉，但随着时间的推移，我开始觉得'留到何时才算个头呢'，便花了些时间，一点点地放手。现在只留下几件我丈夫生前特别喜欢的衣服什么的，其他的东西基本上都处理完了。"遗物的断舍离告一段落时，H·K女士的心情也爽快了许多。

H·K女士说，经历了重新装修和断舍离后，她便对清爽的空间深深地着了迷。"空间变得如此美好，我想一直保持下去。我已经养成不在桌面、台面上放东西的习惯了。"

@LIVINGROOM &BEDROOM

一个人生活，只剩这些东西也完全够用

开始独自生活后，H·K女士重新研究了一下她在家的活动路线。拆了墙，空间一下子充裕起来。

客厅和卧室用橱柜隔开，既相通又独立

外侧是客厅，内侧是卧室。空间既相通又独立，提高了舒适度。

地上只有自己的床及爱犬的床

客厅和卧室的共同点是"地板上只放置少量物品"。地面清爽，打扫起来也轻松。

处理掉大量衣物

"名牌衣服,觉得'瘦下来也许就能穿了'从而搁置起来的衣服,着实处理掉不少。仔细地想想,穿得着的衣服也就那么几件。"H·K女士把所有衣服都换成悬挂收纳的方式,以便快速地找到需要的衣服。

把大电视机处理掉,换成便携式电视机

家里以前有台大电视机,H·K女士毅然决然地把它处理掉,换成便携式的小型电视机。"厨房、餐厅、客厅,想带到哪里看就带到哪里看,很方便。"

曾经的杂物柜焕发了新生

以前放在电视机旁边的橱柜。"当时里面放的是电视机的电线,还有很多没用的东西。"H·K女士把两个橱柜拼在一起,做成卧室和客厅的隔断,让它获得了新生。

现在,里面放的是当季用不到的被褥等,得到了有效利用。

@ENTRANCE

希望一直保持"空"的状态

一进 H·K 女士家,就会惊叹于玄关的整洁清爽。H·K 女士说,她经常提醒自己,要保持空空如也的状态。

清爽生活,
从玄关就可见一斑

宽敞开阔的玄关,只摆着一双外出时一定会穿的鞋,以及装有客用拖鞋的收纳筐。我们满怀期待地想,家里也一定十分整洁漂亮吧。

极易被摆上物品的鞋柜上方也崭新光洁

鞋柜上方极易被摆上物品,属于"魔鬼空间"。然而,H·K女士的鞋柜上只有时钟和驱虫剂,干净得很彻底。"鞋子我也处理掉不少,所以鞋柜里有一个格子装的是遛狗时用的东西。"

@BATHROOM

东西很少，轻松打扫

浴室和卫生间的魅力在于易于打扫。重新装修时，换了个更加时尚的颜色，现在，自己更喜欢这里了。

统一色调，
必然会显得整洁美观

洗脸台和浴室统一成灰、黑色调，和谐一致的感觉会让空间显得更加开阔。

找自己方便的时间打扫

"没有淋浴间，直接在浴缸中冲洗身体，所以打扫起来特别轻松。"浴缸周围只有香皂。

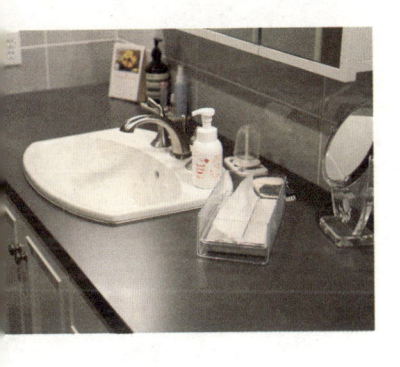

把用得着的东西全摆出来，也只有这么多

洗脸台上摆着洗手液和纸巾，用得着的东西总共只有这些。干净清爽，洗脸台用起来很宽敞。

洗衣间的物品数量也控制在最低限度

位于厨房和走廊连接处的洗衣间里，也没有多余的东西。不洗衣服的时候，台面上一干二净。

虽然放着橱架，但不会塞得满满当当的

橱架上一有空闲的地方，我们就想放点东西进去，但H·K女士不会这样做。"我没什么需要放进去的东西，橱架上空荡荡的。"

@KITCHEN

餐具、厨具，都只留下"必要物品"

厨房是 H·K 女士最常待的地方。重新装修时，她处理掉相当多的餐具和厨具。

地上连垃圾箱都没有

为了确保在厨房里行动方便,甚至连必不可少的垃圾箱都没有?!"垃圾箱在料理台下方的柜子里,和厨余垃圾处理器放在一起。这样是不是看起来更美观了?"

外孙也完全能用成人用的餐具

"以前家里也有儿童用的塑料餐具,但我发现,孩子用起成人平时用的餐具来也没问题,就处理了。"

怡人景色

厨房旁边有一片区域,是H·K女士休闲放松的地方。和爱犬共度的时光再幸福不过了,可以细细地品味时间完全属于自己的欢愉。

在采访过程中,H·K女士还一脸幸福地和爱犬玩耍。这一幕给我们留下了深刻的印象。

断舍离小提示:

问问自己:"真的会用吗?"

为了重新装修,H·K女士和物品来了一次彻底的"面对面"。她说,家具也大多换成新的了。"至于餐具和衣服,我边思考'这些真的会用吗',边给它们分了类。重新装修后,家里变得美好舒适,我也只想把美好的物品摆在家里。"

今天就想马上开始!
越放手,越干脆。
何谓山下英子的"断舍离"?

经历过断舍离的人,都会不约而同地说出这样一句话——一旦开始断舍离,就停不下来了!

这是因为,断舍离,对物品放手,就意味着清理了寄生在物品身上的纠结和回忆,让思绪得到整理。空间不断充裕,心情越发畅快。一旦体会到这种快乐,你的断舍离就成功了一半。这便是山下英子的"断舍离"。

测测你的囤积体质

平日里不经意的行为反映了你的"囤积等级"。
那些习以为常的事情，也许正在让你陷入泥沼！

数一数，你中了几条？

☐ 把便利店赠送的筷子、勺子攒起来

☐ 把领取的试用品收起来

☐ 把酒店的一次性用品带回家

☐ 收到没用的传单和广告不立即扔掉

☐ 保留商店购物袋和名牌商品的包装纸袋

☐ 喜欢打折商品

☐ 过量储备清洗剂、纸巾等物品

☐ 衣服一大堆，却总觉得没衣服穿

☐ 和兴趣爱好有关的用具及保健用品，虽然已不再使用却依然保留

☐ 把日常用品和待客用品分开

【摄影：林宏（人物） 松嶋爱（采访）
插画：袖山加穗子（P101—120）Tamy（P121—181）
撰文：藤田都美子】

中了1~3条的人

栖息地
蓄水池

你有没有觉得,家里虽然乍看之下还算整洁,但全要靠收纳用具和收纳术才能维持?抽屉、衣柜,都满满当当的,用起来不方便,想找的东西也不能马上找到。如果是这样,就要格外小心了!你的生活空间也许正在被物品侵蚀。

中了4~9条的人

栖息地
污水池

比起"舍弃",你是否把更多的精力用在了添置物品上面?放弃思考,任物品在家中堆积,就会眼睁睁地看着不再使用或已被遗忘的物品逐渐腐朽,压迫着空间,家里变得死气沉沉的。

10条全中的人

栖息地
泥沼池

你有没有觉得,家中堆满物品,自己快窒息了?也许你已经心灰意冷地认为"理想中自在惬意的家只是遥不可及的梦"。的确,此时此刻,你的家或许已经奄奄一息,正因如此,才要尽早开始断舍离,哪怕早一天也好!

> 别絮絮叨叨的，扔就行了！

危险！断舍离时
迷惑你的 *3* 类词

你是否变成给舍不得放手找借口的能手？

去别人家里帮忙进行断舍离，在将物品按"需要"和"不需要"分类时，我们一定会听到这样的说辞——"不过""可是""姑且先""总之先""好不容易才"。这些都是不放手的借口。说这些话的人心里明白有些东西其实已经用不着了，比如，早已忘在脑后的物件，甚至是损坏后毫无用处的垃圾，但是统统舍不得放手。这样的人会寻找"不放手的理由"，并以此为借口，希望能暂缓处置。真正需要的东西，不必说什么"可是""好不容易才"这样的话，而应该底气十足地说出"我没它不行！"才对。

出于舍不得放手的心理脱口而出的这些词，反而可以用来反证，这些物品是可以放手的。如果在进行选择和取舍时说出了这3类词，我们便能够断定，这并不是自己想要留下的物品，而是"想放手却犹豫不决的物品"，也就是"可以放手的物品"。这样一来，断舍离会顺利得出乎意料。

1 担忧未来型的"不过""可是"

断舍离时
迷惑你的词

贯彻"不浪费"精神,就可以让宝贵空间被埋没吗?

说出"不过""可是"这类词的人,是"担忧未来型"的人。他们觉得"没有它就不踏实""以后会不方便吧",先入为主地对未来感到不安,从而无法把物品处理掉。然而,那些因为"说不定什么时候用得上呢"而囤积起来的物品,绝大部分到头来都不会派上用场,失去了也不会感到困扰。这类人对未来的担忧,还体现在日用品的过量储备上。重要的是树立"需要时再买就行了"的观念。

2 逃避现实型的"姑且先""总之先"

断舍离时迷惑你的词

当你放弃了思考,物品就会越来越多。

说出"姑且先""总之先"这类词的人,是"逃避现实型"的人。他们觉得动脑是件麻烦事,便一味逃避。放弃思考,只是不断地囤积,陷入了完全以物品为中心的状态。如此一来,家里眨眼间就会被物品淹没。无论如何也不要忘了自己才是主角,不要逃避,去一一和物品"面对面",锻炼挑选适合自己的物品的能力。归根到底,"姑且先收起来"的物品里面,一定没有自己需要的。

断舍离时
迷惑你的词

3 执着过去型的
"好不容易才"

如果确实后悔了，
再买就好！

说出"好不容易才"这类词的人，是"执着过去型"的人。他们对物品有着强烈的执念，坚定地认为"一旦放手，也许就再也得不到了"。古董里的孤品另当别论，如今，世上几乎没有一旦放手就再难拥有的物品。就拿衣服来说，随着年龄增长，身材也会发生变化，适合自己的衣服也会随之改变。如果不放手只是因为觉得"好不容易才得到"，那么放手了也没什么大不了。舍不得放手才是更大的不幸！

断舍离为何会改变人生?
因为它重新回归了
"当下""此处""自我"

放下执念,专注当下,跃动人生

"断舍离"一词,源自瑜伽中"断行""舍行""离行"的行动哲学,让人斩断、舍弃、脱离对物品、行为和人际关系的执念。不买多余之物,舍弃无用之物,添置必要之物,如此循环往复,就能给生活带来新陈代谢,创造出让自己觉得舒适惬意的最佳环境,进而让心情变得舒畅,人生变得美好。

我见过不少人的住处都处于这种状态:已经不再使用的东西,早已忘在脑后的东西,一件又一件地不断累积,却从不见它们登场亮相,只是一味地侵蚀空间。这不仅仅是居所的状态,也是居住者的心理状态。无视物品,就等于无视自己。

过往不断地累积,物品也越积越多,填满了房间的每个角落。断舍离能让我们与这些物品面对面,从束缚自己的执念中解脱出来,如此,便能专注于当下的自己,专注于当下所处的空间,摆脱内心的苦闷,发现自身新的可能。这就是断舍离的力量。

践行断舍离后,之前一直在囤积物品的人会开始以让人难以置信的速度清理物品。清理意味着放手。感受到有如卸下肩上沉甸甸的担子、将脏兮兮的餐桌擦得明净光洁后涌起的畅快感觉,断舍离的步伐会越发轻快,空间和人生也会变得越发美好。

斩"断"、"舍"弃、脱"离"
断舍离是新陈代谢

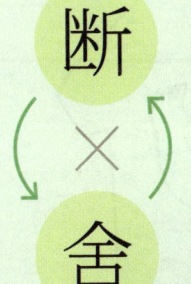

断

不轻易添置物品
甄选后再购买,
拒绝没用的东西,谨慎添置。

不断重复"断"和"舍"的过程!

舍

放手
垃圾、杂物、无用之物等,
不是自己喜欢的,一概放手。

离

最佳状态
物品得到了循环与代谢,
心情也会变得轻松。

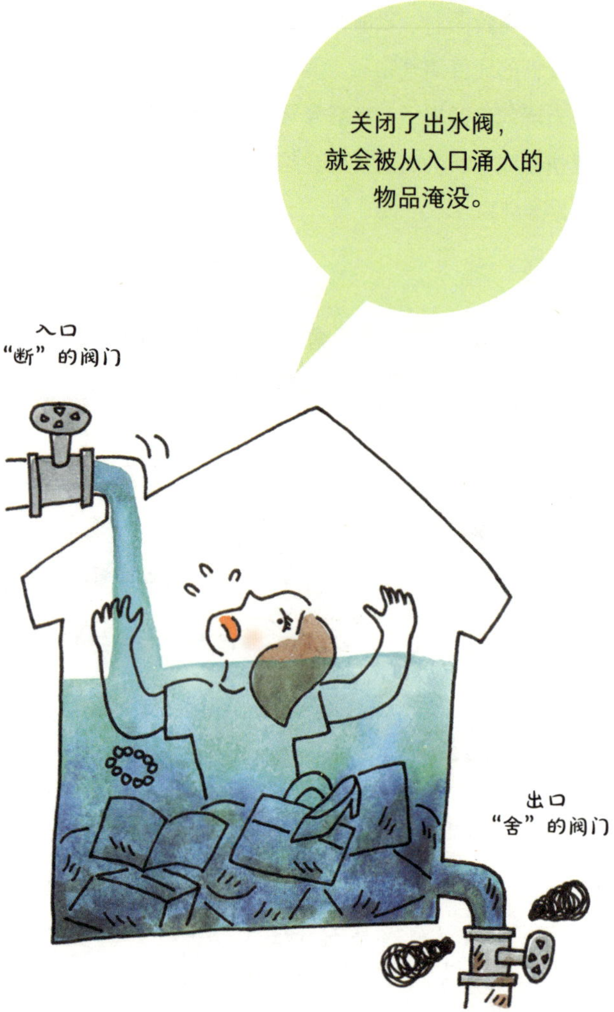
关闭了出水阀，
就会被从入口涌入的
物品淹没。
入口
“断”的阀门
出口
“舍”的阀门

立足自我轴，
甄选物品

我们之所以无法舍弃物品，很大程度上是因为没有将"自我"作为判断标准，而是把判断标准偏离到了"物品"和"他人"身上。

"这个还能用""物以稀为贵"，这便是立足物品轴的思维方式。"别人送的""某某说这个挺好的"，这便是立足他人轴的思维方式。像这样，将物品的取舍权与选择权交付给自我以外的事物，是完全无法践行断舍离的。践行断舍离，要始终立足自我轴，也就是立足当下的自我。以对现在的我来说是否必要、是否合适为标准来进行判断。

我们生活在物质丰盈的时代，对物品繁多司空见惯，一直以来都活在"东西多才叫富裕"的价值观里。实际上，"不浪费精神"也是块烫手山芋，有时会成为导致我们偏离自我轴的主要原因，要小心。

选择物品时有 3 条轴

物品轴
物品中心式思维

考虑问题时,不以自我为中心,而以物品为中心。例如,考虑"这件物品是否还能用"时,立足点就是物品轴。重要的是,现在的自己是否还想用、对现在的自己是否还必要。

他人轴
他人中心式思维

他人所赠之物,和朋友一起出游时的回忆,受到过别人称赞的物品,无法舍弃它们,原因不在于自己,而在于他人,这种思维方式的立足点就是他人轴。生活在这个家里的到底是谁?有时,对对方心存感激,为了自己而对物品放手,才更可贵。

自我轴
自我中心式思维

断舍离的主语始终是自己。自己是否有使用的意愿,物品对自己来说是否必要、是否合适。面对物品时,要时常这样问问自己。

为了能立足自我轴，
这样问问自己

不必要
还能用但实际已不再使用，没了它也不会感到困扰的物品

不适合
曾经很重要，但现在已经不再适合自己的物品

不愉快
用了太多年，或是现在用起来总觉得有些别扭和不顺手的物品

> 问清自己后，对物品放手

必要
对现在的我而言必要吗？

适合
适合现在的我吗？

愉快
让现在的我感到愉快吗？

基于空间来考虑问题，"房间有八成空闲空间"才是理想状态

以空间为基准，对现有物品进行断舍离

断舍离认为，空闲空间才是价值所在。即使是 20 张榻榻米[1]大的宽敞客厅，放上沙发、橱柜、电视机和餐桌等家具，还被物品堆得严严实实的，待在里面也会觉得不舒服。与其如此，倒不如待在只有 10 张榻榻米大，但里面只有电视机和桌子，物品寥寥无几，地面开阔的客厅里更为舒服自在。

无法舍弃物品的人，一旦有了闲置空间，就想塞点什么

---

[1] 在日本，地区不同，榻榻米与平方米间的换算方式也有所区别，按"中京间"算法，1 榻榻米约为 1.65 平方米。按"江户间"算法，1 榻榻米约为 1.55 平方米。按"京间"算法，1 榻榻米约为 1.82 平方米。按"团地间"算法，1 榻榻米约为 1.45 平方米。

进去。本以为东西多了方便，到头来却无处安放，只能摆在外面。为了收拾利落，还要添置新的收纳用具，物品反而更多了，形成恶性循环。若是拥有的物品本就不多，则根本不需要收纳。

整体审视一下自己房间的状态，如果八成以上的空间都被物品侵占，那它就很有可能已经不再是你的房间，而是变成储物间了。我们的目标是把物品数量控制在只占两成空间的程度。

你想在哪种房间里生活?

(八成空间都充斥着
不必要、不合适、不舒适的物品,
空闲空间仅有两成)

满眼都是物品,
让人心烦意乱

有沙发、电视机和餐桌椅。
乍看和普通房间没有什么区别,
但几乎看不到地面,
都被物品堆得严严实实的

你想在哪种房间里生活?

只留下真正重要、必要的物品,
房间的八成都是空闲空间

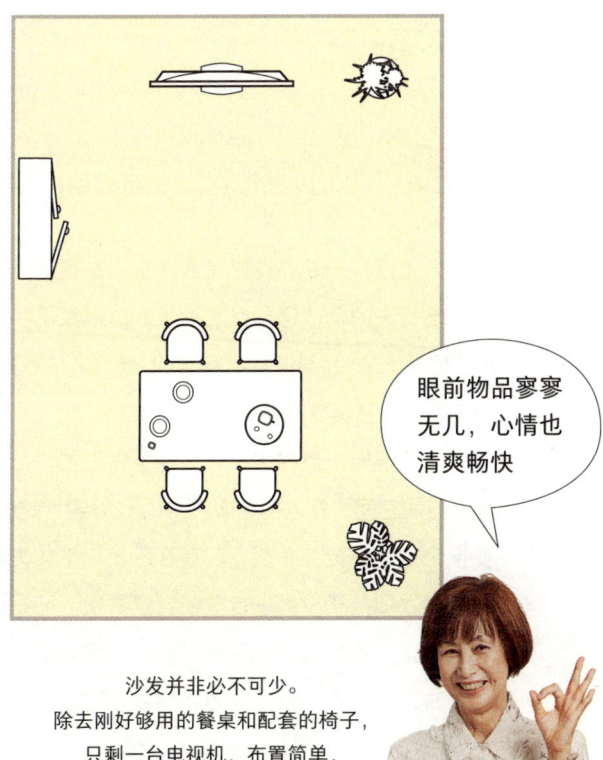

眼前物品寥寥无几,心情也清爽畅快

沙发并非必不可少。
除去刚好够用的餐桌和配套的椅子,
只剩一台电视机,布置简单,
空间清爽,使用起来灵活自由

一定要鼓起勇气去面对
如何打赢和家人的"争夺战"的问题

为了让家人生活得舒适惬意，去面对他们吧

一家人生活在一起，有些东西女主人想要丢掉，但又顾虑到"这是丈夫的""这是女儿的"，自己做不了主。对负责整理房间的人来说，这是极其痛苦的。断舍离的基本原则是：自己的东西，自己负责断舍离。

和家人住在同一屋檐下，有一件事很重要，那就是要明确划分自己的空间和家人的空间。例如，说好客厅是公共空间，就不要把个人物品放在里面。若在客厅发现了丈夫脱下来的袜子，或者发现孩子没把书包放回自己屋里，而是随手扔在了日式房间里，就要大胆地和他们好好地谈一谈，争取解决问题。这时，如果害怕发生争吵或争执，那问题永远得不到解决。

以身作则，先从自己能够做主的地盘开始断舍离，家人的观念或许也会随之改变。

如何和家人一起
成功地实现断舍离?

●一家人要统一目标
想把家打造成怎样的空间?不要自己单打独斗,而是和家人共同商议,达成共识,才能向目标迈进。

●要做好有时会产生冲突的心理准备
我们经常能听到这样的话:"我想断舍离,可是我丈夫不配合啊!"当然,反之也是如此。这种情况下,若是害怕冲突而一味退让,断舍离是不会取得丝毫进展的。有时,正面对抗也很重要。

●不要蛮横地入侵他人的领地
你们即便是父母与子女的关系,也不要擅自丢掉对方的物品。父母也不要把自己的物品放在孩子的房间里。尊重对方的领地,并且争取让全体家庭成员都能做出"自己的物品自己放手"的决定。

来看看真正
挑战过断舍离的家庭吧!

有的家庭,
扔了6卡车的东西,
过上了"绰绰有余"
的生活!

> 这里要断舍离！

说不定全能扔掉?!
被封印的魔鬼地带

家中死气沉沉的原因

在我们出于断舍离的目的而拜访过的家庭中，几乎家家都有"被封印的魔鬼地带"。堆了太多用不着的东西而无处下脚的房间，许多年没有打开过的收纳柜，刚住进来就被塞进衣柜深处，如今已沉睡多年的纸箱……多年不曾打开的房间、箱子、收纳柜，里面的物品其实已经派不上用场，即使全部扔掉也没关系。也许你对这种满是物品但全无用处的状态已经习以为常，乃至麻木。然而，家中宝贵的空间变成无用之物的集结地，空气变得凝滞沉闷，新陈代谢受到阻碍。这样的空间简直就是魔鬼地带。如果你家也有类似的情况，那就立刻开始断舍离吧！

一旦开始清理魔鬼地带里的物品，就能渐渐地清除"毒素"，享受神清气爽的感觉，家仿佛又恢复了呼吸。

症结 1 总是有该扔掉的东西

症结 2 化身为"收纳柜的墓场"

S田家
4口之家

素材提供：新井美津惠（断舍离讲师）

断舍离前

封印多年的地下收纳

竟然有如此多的人已经许久没有打开过厨房地板下的收纳层了。S田家也已经好多年没有用到这里了。打开一看，里面放的是落满灰尘的酒瓶和自制的酒。

Before

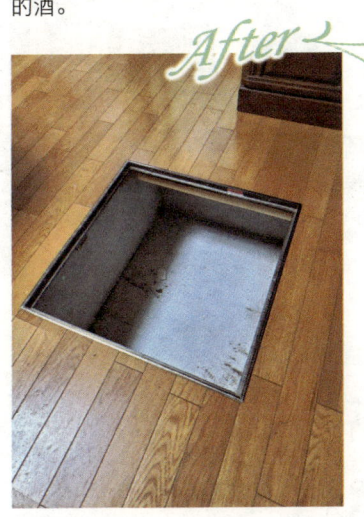

After

断舍离后

地板下方，空空如也

虽是父母留下的东西，但在得出已经没用了的判断后，S田把总共46个瓶瓶罐罐全部断舍离了。这里平时虽然"眼不见为净"，但是一想到再也没有旧物被遗忘于此，心情也畅快起来。

沉甸甸的瓶子和保鲜器皿，等年纪大了，处理起来更加困难，趁现在断舍离掉，酣畅痛快！

断舍离前

A井家
3口之家

一进客厅就映入眼帘的"橱柜魔窟"

正对客厅的走廊里，并排摆放着大大的餐具柜和收纳柜，里面被以前用过的历代餐具塞得严严实实的，而且这些餐具已有近10年没有被使用过了。餐具柜前面还有收纳箱，整个空间毫无生气。

Before

症结③

多年不用的餐具

平日里用的餐具都在厨房，这个橱柜里的餐具已经很多年没有过出场机会了。

症结 1

连缝隙都被塞得密不透风

橱柜和墙壁（后来我们才知道那是扇门）之间的微小缝隙，都被纸箱和纸袋塞得密不透风。

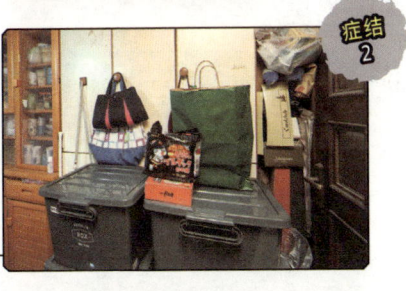

症结 2

物品层层叠叠，橱柜毫无用武之地

橱柜里装满不再使用的餐具，前面还镇守着两只大大的收纳箱，甚至连收纳箱上面都摆着物品。

> **断舍离后**

宽阔的走廊，空气有了流通的通道

对两个橱柜实施断舍离后，除了收拾出来的钱，其余物品全干脆利落地处理干净了。心里想着"说不定能转卖掉呢"，却从未付诸实施，这就意味着以后也不会去做。清理掉橱柜后，连接客厅和盥洗室的门露了出来，走廊也变得宽阔起来，名副其实地变成阳光和空气可以自由穿梭的通道。

收拾出来了这些东西!

从右边的橱柜里,收拾出来腌了10年、20年的咸菜(左上),不知道用什么腌的肉(右),甚至还有钱!"魔鬼地带"简直太可怕了!

> A 井家
> 3 口之家

断舍离前
玄关旁无人踏足的地方

搬进来时，在这里放了个柜子挡住门，柜子里的东西虽然堆得满满当当的，却几乎没有用得上的。家里人谁也不会踏足此处，变成"魔鬼地带"。

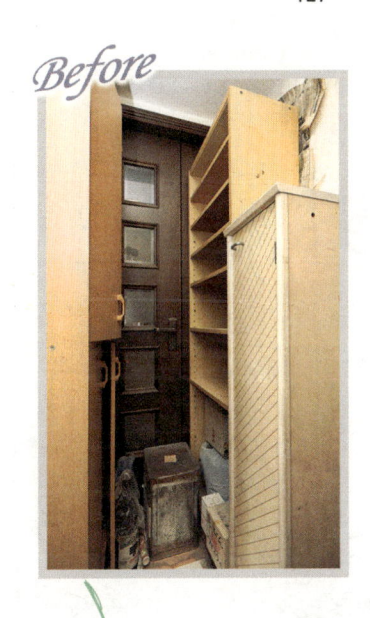

Before

After

断舍离后
全部清理后，
门打开啦！

柜子里净是些多年无人问津的东西，所以便和柜子一起处理了。门的另外一侧也进行了断舍离，门终于能打开了。

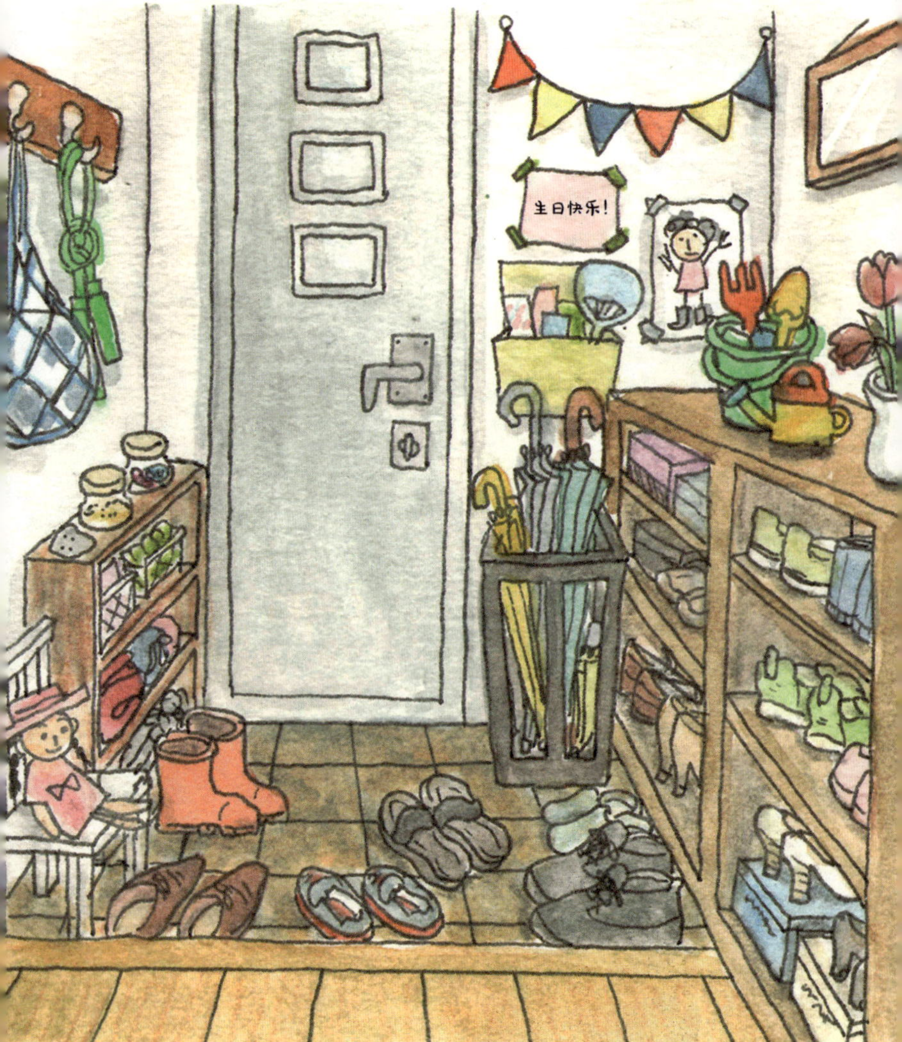
生日快乐！

> 这里要断舍离！

有些地方丧失了原本的功能，
变成置物台

物品让家失去了它原本的功能

　　家中各处都有它本身的用途。然而，你家有没有一些地方被物品堆得严严实实的，逐渐丧失了它原本的功能？这种情况在玄关尤为常见。本来，玄关应该只放鞋，可在玄关放置大量物品的情况屡见不鲜，比如，和兴趣爱好相关的用具、雨伞等。有时，堆放大量物品还会导致连穿鞋脱鞋的地方都没有，让玄关无法发挥最重要的功能。再比如，卫生间里有好多书，家电成了置物台，等等。如果你家也有一些地方丧失了它原本的功能，那里便是你需要进行断舍离的重点区域。关键在于，如果你不想舍弃某件物品，那就让它重现生机。

A 井家
3 口之家

症结 2
橱柜顶端也堆放着物品

症结 1
玄关一整年都被冬天的物品占据

Before

断舍离前

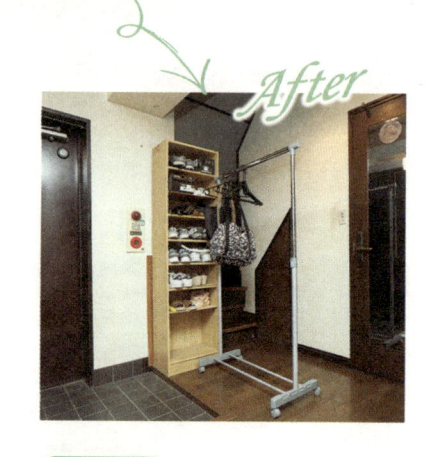

A 井家的玄关十分宽敞，这导致他们什么东西都习惯往这里放。收纳柜顶端、旁边、下方，都堆满了物品。外套和大衣之类的，夏天也依旧挂在这里，在玄关，完全分不出春夏秋冬。

After

断舍离后

扔掉干放着不穿的鞋，处理掉一个收纳架。紧急按钮露了出来，伸手就能摸到，安全性也提高了。

症结 1　三角钢琴完全沦为大桌子

A井家
3口之家

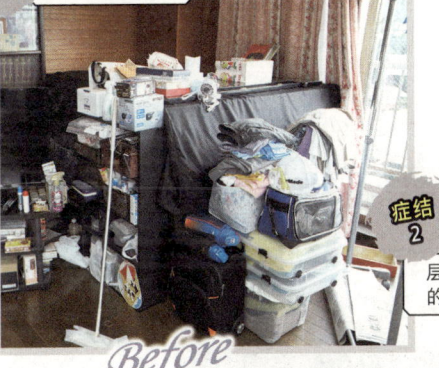

症结 2　层层叠叠的物品

Before

断舍离前

气派的三角钢琴被蒙上了布，凄惨地沦为放置日用品的桌台。想必A井他们也不想看到原本如此珍贵的物品，变得毫无用处，只能悲惨地立在一旁。

断舍离后

After

堆放在钢琴上的日用品要么被清理掉，要么被放回合适的地方。这样，钢琴又能被奏响啦！空间充裕了许多，时隔10余载，又能拾起弹钢琴这一爱好了。

素材提供：新井美津惠（断舍离讲师）

O方家
2人世界

症结　好端端的椅子变成置物台

Before

断舍离前

椅子变成置物台，被人看见太不好意思了，所以百叶窗常年拉着。

After

断舍离后

清理了没用的物品，椅子重新焕发了生机，即便有客人突然造访，也不必担心了。

这里要断舍离！

门窗周围被物品堵得
密不透风

门窗是阳光和空气的入口，
一定要保持畅通

你觉得"这扇门用不着""窗户又不是只有这一扇"，从而用物品把门窗堵得密不透风？"东西太多了，我也是无可奈何"——这不过是借口。窗户是阳光和空气的入口，门也是基于人在家里的活动路线设置的，把它们堵得严严实实的，就等于浪费空间。如果你把收纳柜摆在门窗的位置，不妨先把它挪开。挪开试试，让阳光透过窗户照进来，打开门，让空气流通起来。你应该也很想让这片区域重现光彩。

日本

素材提供：新井美津惠（断舍离讲师）

○方家
2人世界

症结 1　门前摆满收纳柜

症结 2　收纳柜顶端也满是物品

Before

断舍离前

一旦摆上收纳柜，东西就会越来越多，形成恶性循环，门前彻底变成"收纳柜之山"。

After

断舍离后

下定决心扔掉一个收纳柜之后，清理的速度越来越快了！处理完收纳柜，这里变成一个可以休闲放松的地方。

素材提供：中场美都子（断舍离首席培训师）

K田家
4口之家

断舍离前

考虑到这里阳光充足，衣服容易晒干，便把窗前当成晾衣场，结果却挡住了光。

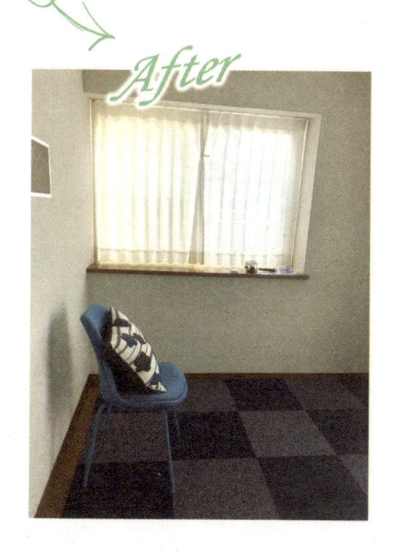

症结

窗户被洗好的衣服挡得严严实实的

Before

After

断舍离后

拆下晾衣杆，没了遮挡，阳光照进了房间。

素材提供：中场美都子（断舍离首席培训师）

K田家
4口之家

断舍离前

窗帘轨上挂的是洗好的衣服，大大的书架压迫着整间屋子。书架顶端也摆着物品，一片狼藉。

Before

症结　一面墙都是收纳柜，堆满物品，令人窒息

After

断舍离后

清理掉书架后，漂亮的飘窗露了出来，还安上了壁灯，以后再也不会在这里放东西啦！

症结 1　一个"奥运周期"才用到一回的客用餐具

症结 3　要这么多购物袋干吗?

症结 4　无处安放的储备品

症结 2 调味料一直摆在外面

厨房没有"留白",是小气的表现!

症结 5 卫生状况绝对让人担心

这里要断舍离！

"啊？在这里能做出好吃的饭吗？"——
让人不忍直视的厨房

厨房沦为物品的"老巢"，
用起来既不顺手，又不卫生

厨房聚集了厨具、餐具、保鲜器皿、储备食材、清洁用具等诸多物品，每次用完后都要擦洗、整理，周而复始，免不了收拾不利落，让里面变得乱七八糟。再加上被"快捷""方便"这类字眼诱惑，东西更是越来越多。为了实现"做一手好饭""当个好妻子、好妈妈"的愿望，也往往会寄希望于工具。然而一旦物品过多，无论用起来多便捷的东西，到了关键时刻，连找都找不着，到头来还是浪费时间，白费力气。除此之外，打扫起来也费时费力，很难保持干净卫生。

厨房还有一大特征，就是收纳用具尤其多。大家要尽早明白，为了把数量众多的物品整理利落而添置收纳用具，反而会让东西变得更多。断舍离做得真正完美的厨房，就算没有收纳用具，也照样能收拾得干净清爽，什么东西在什么地方，一目了然。

> A 井家
> 3口之家

Before

断舍离前

地方宽敞反而导致物品繁多，厨房用起来不顺手

U字形的厨房地方宽敞，上方也有充足的收纳空间，于是家人什么都往里面塞，一发而不可"收拾"。厨房里囤积了大量已经不再使用的餐具，家人也说不清究竟还有多少储备品。从店里带回来的购物袋和筷子，全放在里面。

从收纳柜里扔了这么多东西！

上方的收纳柜被餐具和保鲜器皿塞得满满当当的。亲戚聚会时，使用的成套餐具几乎没什么出场机会，所以全部处理了。

症结 1

使用微波炉时，要把东西一件件挪开

微波炉前面放着热水壶和其他厨房用品，甚至连文具、传单都挤在这里，用起来很不方便！

症结 2

不知道究竟还有多少储备品

推拉式的收纳柜里，满满的都是储备的东西，由于无法掌握总量，所以会重复购买相同的东西，导致物品一味增加。

症结 3

餐具数量超过家庭成员的需求量

餐具多到让人不敢相信这居然只是个 3 口之家。即使有些是待客用的，也还是太多了。另外，从便利店带回来的筷子、勺子和餐巾，也在侵蚀着空间。

断舍离后

只留下必要的物品,
厨房用起来顺手,也更干净卫生

处理了收纳柜中的大量餐具,把过多的储备品精简到可以把握总量的程度,餐具也精简到刚好够家人使用的数量,彻底地来了一场断舍离。不把物品放在高处的橱柜里,只放在方便取用的地方。料理台上洁净宽敞,抽屉等收纳空间也清爽利落,物品一目了然。

把餐具数量精简到最少，取出分隔式收纳盒，餐具排列得井然有序。每次打开抽屉，都觉得神清气爽。

不把物品放在够不到的橱柜里，保鲜器皿的数量也精简到最少。东西少了，更加便于保持干净卫生，益处多多。

厨房越是宽敞，才越要精简物品数量，优雅地享受烹饪的乐趣。

素材提供：新井美津惠（断舍离讲师）

A 野家
4 口之家

症结 1

颜色都一样，物品增加时更难察觉了！

断舍离前

这里收拾得明明很整齐，但 S 仍旧没来由地觉得烦闷。为了让餐具柜看起来更加美观，决定实施断舍离！

Before

After

断舍离后

精挑细选，只留下现在用得到的餐具，摆放得好似商店里一样整齐美观，一眼望去，神清气爽，餐具柜变成一个每次打开，都让人感到心情舒畅的地方。

素材提供：福士惠梨香（断舍离讲师）

M野家
2人世界

症结 1 厨房用品杂乱无章

Before

症结 2 给人以"总之先塞进去"的感觉

断舍离前

餐具、家电、红茶罐等，杂乱无章地堆在餐具柜里。前后重叠摆放，取用不便。

After

断舍离后

处理掉没用的物品，摆出来都是精挑细选的自己想用的餐具，基本都是单独成排或者交替排列，方便取用。每次来这里取东西，都觉得幸福感满满。

因为……
所以我把这件餐具扔了!

因为太重了,

所以我把这件餐具扔了!

又大又重的盘子,
一年比一年难处理。
考虑扔掉时要大费周章,
还是趁早断舍离掉吧!

因为是给客人准备的，

所以我把这件餐具扔了！

这些是待客用的餐具。
在"断舍离"里，并不分什么"待客用的"和"日常用的"。
每天都要吃饭，使用自己喜欢的餐具才是应该做的。

因为不适用于微波炉，

所以我把这件餐具扔了！

这套盘子里面含有银，因此不能用于微波炉。
如果平日里做饭时经常要用到微波炉，这套盘子就处理掉吧。

素材提供：大泽优子（断舍离讲师）

Before

After

断舍离前

大件家具沉闷压抑,吧台变成置物台

厨房里有个大大的餐具柜,吧台变成了文件和电器的栖身之所。餐具柜的颜色沉闷厚重,加上家庭结构也有所变化,于是下定决心果断地进行断舍离,改善空间环境。

断舍离后

厨房变得开阔敞亮

精简了物品,重新置办了符合当下生活习惯的家具,原本压抑沉闷的厨房变得干净明亮。吧台上空无一物,可以心情轻快地在此用餐。

家电和家具都换成白色了,清新明快。
餐具都经过精心挑选,厨房得以始终保持干净漂亮。

**F田家
二人世界**

Before

断舍离前

觉得还能用而一直留着的保鲜器皿

被保鲜器皿塞得满满当当的抽屉。F田决定放弃塑料制品，便将许多保鲜器皿处理了。

After

断舍离后

有效利用原来被保鲜器皿占据的空间

真正动手处理掉保鲜器皿后，抽屉变得空空如也。这让F田再次惊讶地认识到塑料制品多到了何种地步。原本放在别处的米箱也"搬了家"，用起来更为方便顺手。

保持干净卫生——冰箱里的断舍离

冰箱是盛放食品的地方，最重要的就是保持干净卫生。由于里面大部分是生鲜食品，明显要把"鲜度"摆在首位，所以断舍离起来相对容易。冰箱里食品储存的最佳状态，是保证少量新鲜食材的"有序出入"。

冰箱断舍离的秘诀

扔掉时日久远的食品

过期食品，没过期但不合口味，以后也不会食用的食品，最近没用过的调味料，只剩一点的干巴巴的胡萝卜，诸如此类的东西要干脆利落地扔掉。哪怕只做到这一点，家里满满当当的冰箱，也会清爽不少。

扔掉小包装的调味料

买便当和小菜时附赠的小袋酱油、辣椒和芥末之类的调味料，你是不是都留着？留到最后也没用过，在冰箱里变成"化石"了。所以，这些赠品如果不使用，要么立刻扔掉，要么从一开始就不要。

改掉"一买一大堆"的习惯

一买一大堆，食材总会剩下，就算提前做成小菜，一直吃同样的菜也会吃腻，感觉不到任何好处。与其如此，不如少量多次地购买，每次够吃就行，这样更划算。既能吃到新鲜可口的食物，又能让冰箱一直保持干净卫生。

症结 1　衣柜里放着一辈子都不会打开的箱子和袋子

症结 3　收纳箱让衣柜变得越发杂乱

症结 2 可怜的衣服紧紧地挤在一起

症结 4 连缝隙都被衣物塞得严严实实的

衣柜里真的都是自己想穿的衣服吗?

> 这里要断舍离！

衣服堆成山，却没一件想穿！——
失去新鲜感的衣柜

现在不再穿了就放手，衣柜里只放应季衣物

"明明衣服多到衣柜根本放不下，却没有一件想穿的"——"衣服富人"大多都有这样的烦恼。实际上，说起"无法放手的物品"，许多人都会提到衣服。大部分人，每一季都买新衣服。去年买的衣服穿的次数虽然越来越少，但是也不会处理掉。而且大多数人之所以舍不得放手，都是因为没把焦点放在"当下的自我"上，偏离了"自我轴"。他们立足于"物品轴"，以"价格挺贵的""瘦下来就能穿了""这件是基本款"为标准来做出判断，所以才放不了手。

"断舍离"认为，衣服的"新鲜感"也很重要。流行趋势年年不同，身材年年都会发生变化，曾经适合自己的衣服，

如今不一定适合自己。可即便如此,曾经喜欢的衣服仍旧占据了衣柜的一多半空间,这才是空间的浪费。让已经失去光彩的衣服一直在衣柜里耀武扬威,你真的能体会到穿衣打扮的乐趣吗?从现在开始,让衣柜里只有自己想穿的衣服,变得新鲜感爆棚吧!

【摄影协作：原田千里（断舍离首席培训师）】

> T中家
> 2人世界

断舍离前

可怜的衣柜，
重要却未被厚待

为了协助他们进行断舍离，断舍离首席培训师原田千里拜访了T中家。衣柜已经是他们自己断舍离过一番之后的样子了——架子上的衣服一件紧挨一件，下方空间的问题更是严重，被收纳箱和袋子塞得严严实实的，使用起来非常不便。自己根本不知道里面都有些什么，只是一味地把衣物堆在那里。

Before

症结 1

内侧的挂衣杆上也密密实实地挂着衣服，取用不便

衣柜里面有两根挂衣杆，内外各一根，如果内侧也挂上衣服，就会和外侧的衣服叠在一起，看着杂乱，取用也不便。

症结 2

明明是自己十分喜爱的披肩，却收纳得乱七八糟

披肩是T中十分喜欢的单品，却都紧紧地挤在收纳箱里，可怜得很。

症结 3

收纳箱一个摞一个，衣物被硬塞进去

下方空间里，收纳箱和袋子杂乱无章地堆在一起，很难把握到底有多少物品，距离"魔窟"只有一步之遥。

> **断舍离后**

箱子既用来收纳，又是"防护墙"，保证衣柜内侧不放衣物

将衣物按长短分类，内侧的挂衣杆上不挂任何衣物。在下方的外侧空间放置收纳箱，这样便不能把衣物塞到衣柜内侧了，精挑细选后留下来的包包也有了安身之处。这只是第一步而已。T中的目标是进一步精简物品。

After

将塞在下方的衣物处理掉后,内侧腾出来一个架子。因为上方还挂着衣服,它有点碍事,便取了出来,让它"摇身一变",成为装饰架。

把自己钟爱的披肩和满载回忆的包包都收进自己喜欢的行李箱里,再将行李箱放在装饰架上,这样,一个入目皆是自己心爱之物的"开心角落"便落成了。

> 我们的目标是让衣柜变得一目了然,整洁清爽!

> 扔了这么多衣物!

> K野家
> 2人世界

断舍离前

壁橱已经放不下,衣物开始侵占外部空间!

衣物多到壁橱已经放不下,于是把裙子挂在了横梁上。柜门关不上,连缝隙都被塞得严严实实的。

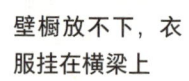

Before

症结 1

壁橱放不下,衣服挂在横梁上

有些长款衣服无法收进壁橱里,便挂在了壁橱前的横梁上。

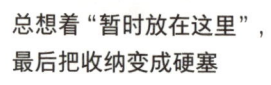

症结 2

总想着"暂时放在这里",最后把收纳变成硬塞

原想"暂时放在这里",结果完全把收纳箱旁边的空间堆成"俄罗斯方块"了。

> **断舍离后**

精简物品，壁橱腾出了空间

一番断舍离后，处理了大量物品，连自己都惊呼："居然有这么多没用的东西！"下一步是精简收纳用具。

After

扔了这么多东西！

把已经不用的衣服和包包等物品彻底清理掉后，痛快淋漓！

素材提供：藁谷昌夕实（断舍离讲师）

断舍离前

衣柜成为储物柜

从衣服到应季用品，再到坐垫，所有东西都堆在衣柜里，完全成为储物柜。衣柜里满是没用的物品。

W谷家
4口之家

Before

After

断舍离后

摇身一变，清清爽爽

甄选完物品、清理掉橱架后，竟如此清爽。重新给壁纸刷了漆，心情也明朗起来！

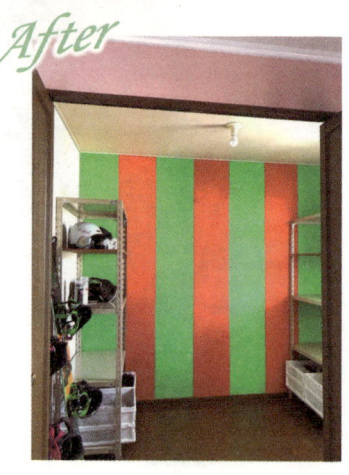

素材提供：中场美都子（断舍离首席培训师）

S木家
4口之家

Before

症结1

症结2

断舍离前

物品繁多，使用不便

许多衣服挨挨挤挤地挂在衣架上，收纳箱也塞得密密实实的。需要的时候取不出想穿的衣服，这里如同已经死去了一般。

收纳箱上方也堆满了衣服

收纳箱上方也堆满了衣服，没有一处不是用来收纳。

After

放在地上的物品抹杀了收纳架的便利性

左侧虽有收纳架，可前方摆满了物品，收纳架的功能完全发挥不出来。

断舍离后

地面干干净净，收纳美观整洁

通过断舍离，把物品数量精简到现有收纳空间能放得下的程度。衣服自不必说，就连包包也能露出正脸，简直像摆在精品店里一样。每次打开衣柜，心情都是美美的。

素材提供：福士惠梨香（断舍离讲师）

断舍离前

收纳箱堆成的塔压迫着空间

收纳箱从地板一直堆到天花板，里面装的几乎全是不穿的衣服。

Before

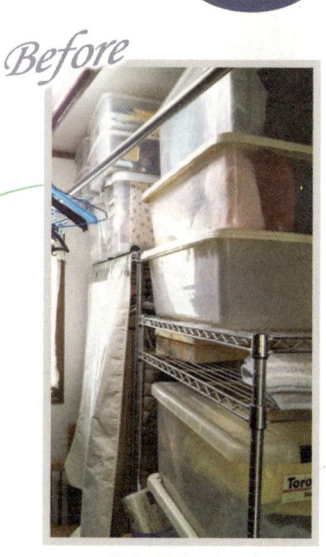

After

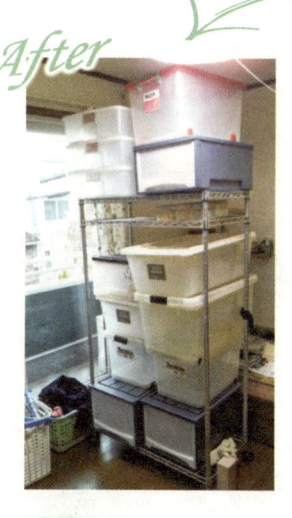

M 野家
2 人世界

扔了这么多东西！

断舍离后

丢掉衣服后，也不再需要收纳箱了

断舍离掉几乎不穿的衣物之后，把储藏室堆得严严实实的收纳箱也全不需要了。

一口气扔掉的衣物，足足装了 11 个垃圾袋！

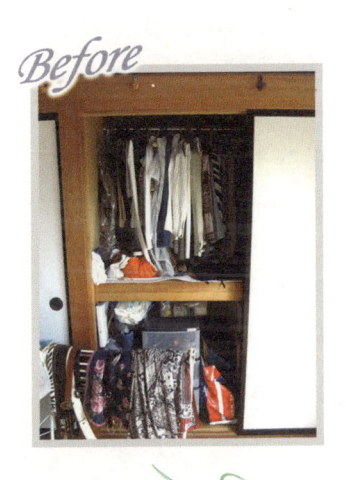

素材提供：大泽优子（断舍离讲师）

断舍离前

走出悲伤，向前看

丈夫去世时，大泽与断舍离相遇，并开始在家里挑战断舍离，现在是一名断舍离讲师。当时，壁橱被用作衣柜，里面塞满了衣服。

断舍离后

变身为看着赏心悦目，用着得心应手的地方

自己动手拆掉中间的隔板，长款衣物也能整整齐齐地挂在衣柜里。大约三分之二的衣服都被断舍离了。大泽说："断舍离，让我从失去丈夫的悲伤中走了出来，继续向前看。"

结婚时的大件家具。要扔掉父母送的东西，起初还是有些抗拒的。可立足于"自我轴"考虑了一下，还是决定把不需要的物品处理掉。

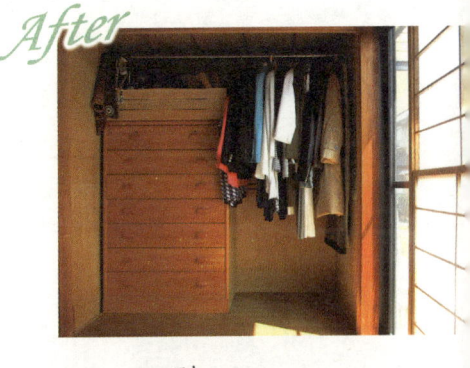

这个也扔了！

不仅衣服要断舍离，

首饰和小配件也要断舍离

在对衣物进行断舍离时，还涉及很多零七八碎的小物件，我们也要掌握断舍离各类零碎物品的要领。

包包

高级的名牌包，价格越高昂，用不着的时候，越容易让人难以割舍。真皮材质的包包，年头越久就越重，用起来也就越不顺手。这样的包包虽说贵重，可若是派不上用场，包包本身也怪可怜的，就把它提上"毕业"日程吧！

鞋子

鞋子也是让很多人舍不得丢掉的一类单品。虽说它在时尚搭配里的地位举足轻重，可那些鞋跟已经磨损，或者有明显脏污的鞋子还是要处理掉，完成新陈代谢。

内衣

内衣分成三类：现在穿着的、刚刚洗过的、明天要穿的，有它们"轮番值守"就足够了。贴身衣物都破破烂烂的了还接着穿，女孩子才不会这样做呢。

首饰

首饰这东西，一不小心就容易收集不少。时间越久，自己在意的首饰就越多，就越舍不得丢掉。然而，已经多年没有佩戴过的首饰，也是时候放手了。只留下精心挑选出的现在仍在佩戴的首饰，收纳时，把它们漂漂亮亮地摆出来吧！

这里要断舍离！

休息空间惨不忍睹，
日式房间变成仓库

榻榻米的舒适感在西式房间无法体会，
这正是日式房间的魅力

独门独户的房子和家庭适用型公寓，都带有日式房间。日式房间的用途，家家户户各不相同。有的用来供奉佛坛，也有不少家庭把它当作客厅的延伸，用来接待客人。然而，到了东西多的人家里，日式房间就变成单纯的储物间了。屋内杂乱无章，榻榻米被挡得严严实实的，还并排摆放着好几个高大的橱柜，如此情景，屡见不鲜。客厅和其他房间放不下的东西，全塞进了这里，本应用来待客的地方，不知从何时起，变成不敢见人的地方了。日式房间之所以变成储物间，还有一个原因就是，它并不是某个人的专属房间，所以整理房间时，它也会被排在后面。日式房间里铺的灯芯草具有良好的吸湿性，原该是个"骨碌"一躺，让人觉得干爽舒适的地方。如果你家的日式房间已经沦为仓库了，那就立即开始断舍离，把它变成一个能够让家人共享天伦之乐，让客人感到放松自在的地方吧！

症结 这里是放不需要的东西的地方

素材提供：福士惠梨香（断舍离讲师）

> A田家
> 4口之家

断舍离前

堆满物品，几近窒息

被衣物、收纳箱和用不着的家具淹没的日式房间。物品被粗暴对待，房间里死气沉沉的。"就算把不需要的物品清理掉，还是觉得里面潮乎乎的，不想靠近。"A田的这番话，也证实了日式房间的沉闷压抑。

Before

After

症结

房间入口已经被堵死了……

日式房间前面的房间里东西也很多，把日式房间的入口堵得死死的。

断舍离后

精选出现在想用的物品，日式房间恢复了生机

对日式房间里的物品进行断舍离，只留下一张桌子。关闭多年的佛坛前也燃起了线香。原本潮湿沉闷、让人不想靠近的日式房间，变成能够疗愈身心的地方。

扔了这么多收纳用具！

[断舍离前]　　　　　　　　　　　　　　A 田家 3 口之家

被坏掉的家具和家人的衣服塞满的日式房间

两间日式房间相通相连，变成家人的储物间和衣柜。本是供奉着神龛和佛坛的房间，却被物品侵占。

症结 1

坏掉后关不上的抽屉

放在日式房间里的橱柜，由于东西塞得太满，抽屉坏掉后关不上了，如今已经失去了收纳的功能。

症结 2

神龛前也满是物品

神龛前摆着杂物，佛坛前放着橱柜，原本很重要的地方，却被堆得满满当当的。

After

断舍离后

处理掉无用之物，空间变宽得开阔

处理了家具，断舍离了衣物，日式房间重新恢复了整洁清爽。日式房间与客厅相连，在里面"骨碌"一躺，再舒适不过了。除此之外，还能用来待客。

对日式房间进行断舍离时，处理掉的东西装了10多个垃圾袋。

素材提供：中场美都子（断舍离首席培训师）

K 原家
2 人世界

断舍离前

被零七八碎的东西堆得严严实实的

一打开日式房间里的壁橱门，被褥、毛毯，以及一些不知装着什么的纸袋就"飞流直下"。把里面的东西拿出来，足足摆满了整个房间。

Before

症结

30 年前结婚时置办的被褥，占据了壁橱的大部分空间。

After

断舍离后

壁橱用着顺手了，房间也清爽利落了

清理掉没用的纸袋，结婚时准备的被褥也断舍离了 10 多套，壁橱里腾出了空间，日式房间变得清爽整洁，使用起来也方便多了。

日用品
地狱级别的储备量
＆在房间中
凌乱散落

无法完成断舍离的家庭，几乎家家都备有大量的日用品。如今这个时代，基本不会发生因物资不足而感到困扰的情况。把物品数量控制在自己能掌控的程度，用完再买，才更节约空间。

A 井家
3 口之家

断舍离前

盥洗室充斥着日用品，一片混沌

洗脸台旁边放着平日里用的日用品，上方的柜子里和洗脸台旁边的小储物架上也满满当当地堆着日用品。哪件东西属于一家三口中的哪一位，完全分不清楚。

After

断舍离后

全家用着都顺手!

上方柜子中的物品取用不便,因此只把最少量的储备品存放在里面。经过精心挑选,洗脸台旁边也只留下了用于洗衣机的物品,盥洗室用起来方便多了。

准备了分隔架,每位家庭成员的日用品都有专属位置,自己知道自己有多少东西。

【摄影协作：原田千里（断舍离首席培训师）】

T中家
2人世界

断舍离前

储备药品，
象征着不安与安心

床下的抽屉里储存着大量的医药品，医药品这类东西，是为了消除不安，只要有所储备，就会觉得安心。

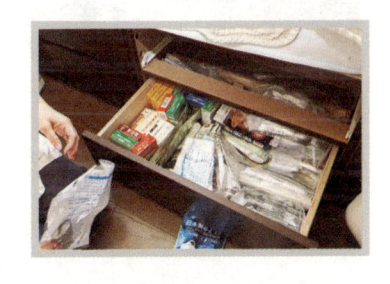

从每天都要服用的药品，到必要时才用得到的常备药，塞满抽屉，里面还混杂着食品。

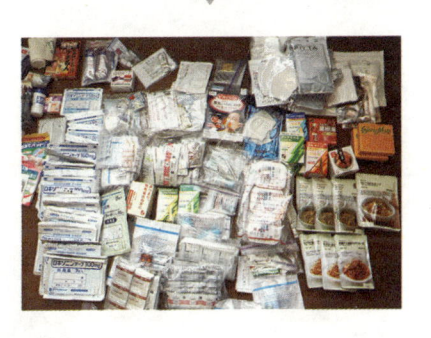

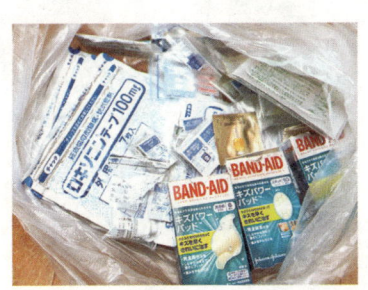

处理掉这么多！

首先扔掉过期药品。其次，为了不过量储备，适当地调整处方，按需购买。

素材提供：福士惠莉香（断舍离讲师）

> A 田家
> 4 口之家

断舍离前

存放日用品的储物柜被塞得乱七八糟

买回来的东西接二连三地塞进储物柜，柜子很深，所以一直没能整理，结果变得乱七八糟的。

经历了第一次断舍离后，物品虽然精简了，可是把置物架摆在内侧，物品取用仍旧不便，外侧的空闲空间也容易再次积存物品。

断舍离后

把置物架摆在外侧！

干脆把内侧的空间空出来，不但取用必需物品时方便多了，而且能防止过量地添置物品。

化妆品
其实有很多都过期了

对美有着强烈追求的人都舍不得扔掉化妆品。既然如此，那就应该精挑细选，只留下能真正让自己变美的化妆品。你是否已经被不适合自己的口红和年头久远的粉底液淹没？

A井家
3口之家

断舍离前

化妆品非常多，连柜面上都摆了不少

专门用来收纳化妆品的柜子已经放不下了，日常用的那些，只好一直胡乱地摆在柜面上。

Before

After

断舍离后

精心挑选出必需的物品，化妆柜变得赏心悦目

断舍离掉过期和很多年不使用的化妆品，将剩余的全部收进柜子，排列整齐，都有哪些化妆品一目了然。

购物袋

购物袋收费时代，家里的购物袋越来越多

购物袋开始收费后，拥有多个环保袋的人也越来越多。很多情况下，环保袋要用来盛放食品，所以不要什么都留着，精挑细选，控制数量，保证留下的袋子都是干净卫生的。这样才更节约空间。

【摄影协作：原田千里（断舍离首席培训师）】

T中家 2人世界

断舍离前

购物袋太多，无法分类使用

从房间各处搜罗来的购物袋居然有这么多！其实有很多都用不到，可自从购物袋开始收费后，更舍不得扔了。

扔掉这么多！

断舍离后

逐渐精简，哪怕每次只有一点点

把已经脏了的和一看就不会用的购物袋处理掉。哪怕不能一步到位，在自己认为合适时随时断舍离，一点一滴地精简，同样非常重要。

书籍
清理书就等于放弃知识?!

书架象征着自己的学识，因此，许多人对清理书架都有抵触情绪。然而，为了获取新知识，书架也需要新陈代谢。

E子家 独自生活

Before

断舍离前
100多本书，掠夺了空间

由于不想添置收纳用具，于是把135本书摞放在书架下方的地板上。不想让书变得更多了！

After

断舍离后
精选出当下对自己有用的书后，只剩一半啦！

既和工作相关，又是兴趣所在的服装裁剪类书无法割舍，便被保留下来。除此之外，全部干脆利落地断舍离。断舍离了大约一半的书，足足有64本。

下定决心，书只能占这么多空间，添新就弃旧，循环往复。

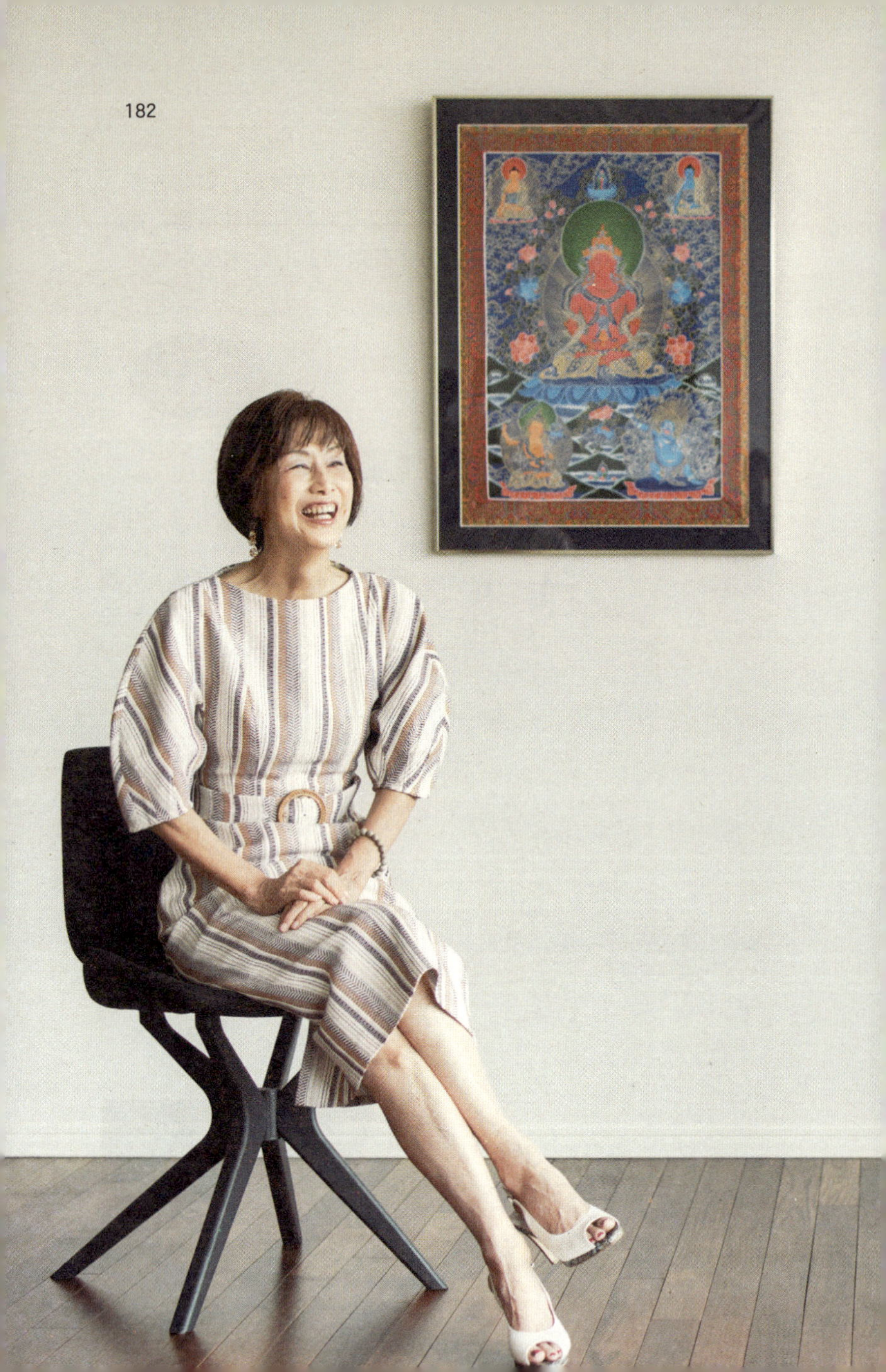

拥有璀璨人生的人
也是断舍离的践行者

打造空间，规范举止，助你升级人生

山下英子
×
诹内江美

断舍离的创始人山下英子老师和热门畅销书《"有教养的人"才知道的事》作者诹内江美女士。工作中和私下里关系都十分亲近的两个人,一起聊了聊断舍离和养成得体的言谈举止的那些事。

【摄影:林宏 采访:mao】

诹内江美

简介
LIVIUM礼仪学校、LIVIUM亲子面试礼仪教室的负责人。她从事过VIP接待、服务人员培训等业务,之后成立LIVIUM株式会社,主要讲授如何养成良好的礼仪规范和优雅的言谈举止。举办的有关谈话技巧、相亲活动、面试礼仪等方面的讲座也颇受欢迎。她担任过电影和电视剧中演员的礼仪指导,并且广受好评,也多次出演电视节目。著作有《"有教养的人"才知道的事》(钻石社)等。
https://www.livium.co.jp/

空间和时间，环境和行动
强强联手，所向披靡

诹内江美（以下简称S）： 第一次见山下老师是在对谈的时候。

山下英子（以下简称Y）： 当时我邀请她担任我视频节目里的嘉宾。我讲"打造空间"，她谈"规范举止"。"打造空间"和"规范举止"，多好的两个词啊！

S： 两者都是以外部形态为切入点。

Y： 没错。我说打造空间时要"留白"，她说要通过优雅的举止来创造时间上的"余韵"。最近我从诹内女士那里学到了该如何上茶。直接把矿泉水"咚"的一下放在客人面前，哪有"余韵"啊？

S： 双手奉上，说"请用"，然后慢慢地撤回手。这种礼仪叫"留恋之手"。这样一来，就会显得余韵悠长。

——请诹内女士谈一谈自己实践过的断舍离。

S： 曾经有许多东西，我都因为"价格高昂"或"他人所赠"而舍不得扔掉。

S：然而立足"自我轴"来衡量，就会觉得那些东西"如今自己已经不再需要"，着实处理掉不少。

Y：江美出类拔萃，她拥有"此时此刻、此情此景"的美丽，不必担心过去和未来，主角是"现在"的诹内江美。物品只是配角而已，配角越有名，主角就越耀眼。

S：没想到我还成"女一号"了（笑）。扔掉的衣服，之前一看见它们就很郁闷，就会想起"这件已经穿不着了""那件已经不适合我了"，涌起一种消极的情绪。所以一旦"啪"地把它们扔进垃圾桶，别提多幸福了。

Y：那是因为你之前一直惦记着它们。物品是会发出无声的噪声的，那种噪声会损害整个空间的气场。空间里只有人、物、气这三种事物，扔掉的衣服"气数已尽"了。

空间布局和行为举止之间有着密不可分的联系

Y：行为举止发生变化后，空间布局也会产生改变。空间布局产生改变后，行为举止也会有所不同。二者相互影响。空间布局一塌糊涂的人，行为举止也会粗鲁无礼，也会给空间带来影响。

S：没有优质的空间，就不会有优雅的举止。比如说，"隆重场合与日常生活"。在我的学员里，有些人一开始是为了

> 一旦扔进垃圾箱，
> 　心情轻松，
> 　开心快乐。

"去相亲""去参加活动"而学习优雅的举止的课程的。总之，学员们有各种各样的目的，但都是为了一些"隆重场合"。可是，一味把焦点放在"隆重场合"上，便不是真正的优雅的举止，毕竟"日常生活"才是绝对的常态。不注重在毫无波澜的日常生活中保持优雅的举止、得体的谈吐，那么在隆重的场合也无法做到。

> 人自身的力量强大了,
> 视野也会变得不同,
> 会有意想不到的事情发生。

Y：也就是说在日常生活中要不断积累。江美的遣词造句也是如此，先是有意识地去字斟句酌，渐渐地就算不刻意为之也能优雅得体，最后形成习惯，所谓"习惯成自然"。

——**重复这个循环，就能升级人生**

Y：的确如此。人的境界提高了，眼界也就开阔了，到那时，就能遇见意想不到的事情。

S：养成规范得体的行为举止之后，学员也说"眼界不一样了"。

拥有余韵、留白和余力，人生也会丰富多彩

S：我很看重余韵、留白和余力。所谓余韵，指的是时间上的余韵，比如，我刚刚说过的"留恋之手"。留白就是留出空白。比如，交谈中的停顿，以及冷餐会上摆盘时的留白，均是如此。透过这些，才能彰显高贵典雅。带着余韵和留白的意识去行动，最终就能变得行有余力，真心实意地享受与人交流的过程，人生也会变得丰富多彩。

Y：时间上要有余韵，空间中要有留白和余地，人自身要有余力。拥有了这些，便会从容自在，悠然自得。

S：变得所向无敌了（笑）。

Y：无论是养成得体的言谈举止，还是断舍离，首要的都是先行动起来。行动才能带来思考。

S：找借口不去付诸行动的人，是不会进步的哟！

Y：我们人类就是擅长找一些"不去做也没关系"的理由。

S：说些"但是""可是"之类的话。

Y：所以我想对大家说，恰恰因为这样，才更要行动起来。

心爱的手工编织篮,是从世界各地收集而来。
收纳时,把它们装饰在了橱柜上方。

物品繁多也能自在生活的人,
都能让空间为我所用。
分清自己是否需要,把喜欢的东西摆在显眼的地方。
因此才能在物品繁多时也舒服自在,
在他人看来,生活得也美好舒适。
我们就来向这些拥有诸多物品的人学一学,
如何打造出让自己舒心的空间。

【摄影:林宏 撰文:藤田都美子(P190—193) mio(P194—229)】

物品繁多
也能自在生活的人
都有一种才能,
那就是打造一个
让自己舒心的空间

房间要让自己舒心

提到断舍离,许多人对它的印象想必都是"舍弃物品,精简物量"。舍弃的确是断舍离的第一步,原因就在于许多人任由无用之物堆积。充斥着无用物品的房间,让人不忍直视。然而,若身边围绕的都是自己真正喜欢的东西,那么数量即使多些,也未尝不可。

把自己十分喜爱的花和画装饰起来,把藏品陈列在显眼的地方,布置空间时,把对自己而言必需的物品全部安排在"一等座"上。断舍离的这种思维方式,和极简主义者把物品数量压缩到保证生活的最低限度是有所区别的。

东西再多,只要自己现在需要,一见它自己就心花怒放,这一切让自己觉得难能可贵，那就没问题。

但是，嘴上说着"这些都是我的藏品"，大部分却只是关在收纳箱里，好东西也焕发不出光彩，如同已经死去一般。

同样多的东西，放在6张榻榻米大的房间里和放在20张榻榻米大的房间里，视觉效果截然不同。这些东西在20张榻榻米大的房间里能摆放得整齐美观，可到了6张榻榻米大的房间里，恐怕就不得不收起来一部分。物品若总不见天日，渐渐地便活在了暗处，回过神来才发觉，自己也许早已忘了它的存在。即使当初打算随着季节更迭和心境变化来完成物品的更新换代，可如果没有时间和精力，最终也是空谈。

若感觉现有空间相对自己想要拥有的物品而言过于狭小，那么为了扩充空间而搬到更宽敞的房子里，也不失为一种选择。但现阶段如果很难实现，不如暂且放手，精简物品数量，让每一件物品都能焕发光彩，这样一来，不仅能让空间变得充裕，自己也能生活得舒服自在。

喜欢的餐具，收纳时都有其固定的位置。适当地更新换代，
总量不会变多，保持井然有序。

卧室里摆着自己喜欢的艺术家的作品。
看着自己喜欢的东西,放松身心,是无与伦比的幸福时光。

享受被心爱之物环绕的幸福

有些人,即使身处物品繁多的空间,也能生活得自在漂亮。这次我们采访的这些"好物之人",并不只是单纯地拥有很多物品,她们房间的特别之处就在于,里面的东西要么能彰显个性,要么与工作相关,要么就是自己现在所必需的物品。

另外,恰恰因为有了想多多收集的东西,才会有意识地在其他方面严格地控制物品数量,不让物品增加,注意张弛有度,亲手打造出一个让每件物品都生机勃勃的空间。归根到底,还是因为大家都十分清楚"如何让自己舒服自在",所以空间才整洁美观。

你在布置房间时,是否也是为了让自己舒服自在而布置的呢?参考一下这些住在漂亮房子里的人的心得,请你也务必打造一间属于自己的屋子。

为了打造一个
让自己舒服自在的空间,
找到最合适的物量

我在物品身上付出了什么?

　　断舍离认为,空间才是价值所在。把没用的物品从家里清除出去,只留下真正需要的物品,就能保持家里的新陈代谢。这样做不仅能精简物品,还有一点也很重要,那就是能让自己拥有的空间和物品数量之间达到平衡。

　　即使你认为只留下了必需物品,可如果相对空间来说物品仍旧过量,照样会引发淤塞。除此之外,自己没有足够的时间和精力花费在物品身上,也是造成房间拥堵的重要原因之一。一忙起来房间就凌乱不堪的人,就属于这种情况。解决办法就是精简物品。东西太多,所以才会杂乱无章;收纳太细,每次用完后收起来,劳心费力,所以才都摆在外面。要不干脆搬进宽敞点的房子里? 钱又是个问题。

　　既要分清"需要"还是"不需要",又要考虑自身所处的环境,才能摸索出当下最合适的物品数量。

我和别人拥有的能量
本就不同!

我所拥有的
空间

现在住的房子有多大?在不添置收纳用具的前提下把东西整理利落,需要精简多少物品?有些物品如果无论如何也无法放手,它们是否不可或缺到值得让你搬进更大的房子呢?

我花费在整理上的
时间

一天当中,你有多少时间花在收拾房间和整理物品上面?你是否能用这些时间让现有物品都熠熠生辉,把空间保持在让人生悠然自得的状态?

我所拥有的
精力

你有多少精力能花在现有的这些物品身上？你清楚地知道自己究竟有多少东西吗？打开衣柜一看，里面居然有连记都不记得的衣服；本想随着季节更迭来布置装饰柜，结果一年到头一个样……如果全被说中了，恐怕你现在就没有足够的精力来管理现有的物品。

我所拥有的
财力

为了保持整洁美观，你认为自己需要一个更宽敞的空间。可你现在是否有积蓄实现这一想法？你是否想要动用这些积蓄，来扩充空间，购置收纳用具？

改变思维方式，
空间也会变得不同

无法舍弃物品，是因为思维方式有问题

断舍离的根本准则，是判断自己现在是否需要某件物品，这件物品是否适合现在的自己，并以此为基准对物品进行选择和取舍。然而，无法舍弃物品的人，他们的思维方式则与判断"是否必要"背道而驰。以下4个例子便是这种思维方式的典型代表。看看常年堆积在家却不再使用的那些物品吧，想必其中有不少东西，你无法舍弃它们的理由，都包含在这4类思维方式里。

更加麻烦的是，这是许多人下意识的想法，所以物品才不见少。先把这4类"无法舍弃物品"的思维方式断舍离掉，才能找到最合适的物品数量。重新审视空间和物品时，时常问问自己："现在，我是否又陷入了'舍不得扔'的思维呢？"这样一来，慢慢地就能正确地看待物品了。

1

留白之美

和"密不透风"式思维

不知为何,无法断舍离的人,都会用物品把收纳柜和空闲空间堆得满满当当的。稍有缝隙,他们就会觉得"多浪费啊",即所谓的"死角思维"。而在断舍离看来,被无用之物堆满的收纳空间才是死角。大家想想美术馆等宽敞的空间里,展品陈列时都留有足够的间隙,才更显得光彩夺目。

2

全新的物品

和"囿于时间"式思维

无法舍弃物品的理由中,常见的还有"最近才买的""还是全新的呢"这类说辞。不管多么崭新,无论是不是最近刚买的,只要你觉得"不需要",那它就是你断舍离的对象。就拿食物来说吧,食材不管多么新鲜,无论是不是刚刚买回来,若是不合口味,都一样无法入口,只能任其变质后扔掉。物品也是同样的道理。只是"崭新",并不能成为留下它的理由。

3
昂贵的物品

和"囿于价格"式思维

高级包、首饰、家具、电器……明知自己已经不再使用了,却无法放手,理由就是"价格"。花大价钱买回来的东西,总也难以割舍,原因就在于对金钱的执念根深蒂固。然而,一旦发现腾出来的空间更有价值,自然而然地就能放手了。

4
纪念品

和"囿于回忆"式思维

别人送的礼物,自己努力过的纪念,一旦放手,也许就再难拥有了。想清理时,赠送物品的人,自己付出过的努力一一浮现在眼前,最终还是舍不得放手。想必许多人都是如此。然而,清理了物品,那些回忆就会随之被遗忘吗?重要的是,有多少留在了心里。不要再把回忆寄托在物品上了。

01

房屋狭小却不觉得逼仄，
现有物量让人舒适惬意

杂货店老板 Dzegede（泽格德）真琴

\# 小家
\# 手工艺品
\# 小日子

> 简介

东京都调布市"缕缕LuLu"杂货店老板。店名意为"细水长流，绵延不绝"。主张生活中要拥有能长久陪伴在身边的工艺品及创意产品。和来自美国的丈夫共同生活。https://www.luluweb.com/

自家也在使用的手工制品，备前烧的咖啡沥干杯套组（右）。用结实的竹子编织而成的格子篮子（左）。

择物标准是"是否有趣"

住在小房子里的人，都有"控制物品数量"和鉴别"真正必需的物品"的本领。

3年前，Dzegede真琴开始在这所房子里生活。她说，住在tiny house（小房子）里是丈夫提出来的。独门独栋的房子，一楼是Dzegede经营的网店的仓库，同时也是身为赛车手的丈夫的车库。二楼是起居室、餐厅和厨房，还有床和衣柜。

真正踏入这所居住面积约38平方米的房子时，我们的第一印象是——完全不像想象中那样狭窄！适度的留白，让空间显得很充裕。"房子小，摆上东西后立马就显得拥挤了。所以这里放的都是我精挑细选出来的物品。"Dzegede说。添置物品时，她会格外谨慎。

生活的中心区域是位于起居室、餐厅、厨房交界处的餐桌。工作、用餐都在这里完成。一般情况下，除了餐桌，家里往往还会有沙发，Dzegede家却没有。"摆上沙发，总觉得空间里有种压迫感，打扫起来也不方便，所以就没摆。有现在这张餐桌就够用了。"少了沙发，空间充裕了，省出来的空间被用来做运动了。

餐桌旁边是极其小巧精简的厨房。餐具和食材的数量都保持在厨房放得下的程度。亮点在于稍大的冰箱。"两个人过日子的话，冰箱略微有些大了。其实，里面也有不用冷藏保存的食物。"Dzegede 说。也就是说，冰箱同时也是储藏柜。"当然不会塞得满满当当的，为了能够一目了然，食材都尽量放在外侧，并且留出一定的空间。" Dzegede 严格地控制着食材的数量。

Dzegede 家里有许多光芒四射的小物件。"无论是手工制品，还是批量生产的物品，我都既看重质量，也看重外观。还有一条，就是尽量选择妙趣横生的物件。"衣服也是选购熟识的设计师的产品。"衣服的选择实在太多了，因此我会选择熟人的品牌。无论工作中，还是私下里，相遇就是缘分，我都十分珍惜。"

对 Dzegede 而言，舒服自在的状态，就是没有多余物品。"走进酒店的房间时，里面没有多余物品，干净整洁，心情也会变好吧。我觉得那种状态就挺舒服的。"

家里 1 楼是 Dzegede 女士经营的杂货店的仓库。应想要参观实物的顾客的要求，自房子建成起便对外开放。

工作、用餐、聚会
生活中心集中在 LDK
（客厅 + 餐厅 + 厨房）

不要沙发，制造留白

客厅兼餐厅的区域里只有餐桌椅。工作，用餐，一天中的大部分时间都在这里度过。"我也犹豫过要不要放张沙发，但觉得那样会产生压迫感，便选择了如今的'留白'状态。"

数字化管理家电说明书

想扔又扔不得，越来越占地方的家电说明书，利用手机上的 APP 集中管理，完成"瘦身"。

只有少量衣物，看见它们，就如同见到制作它们的人一样

"衣服，我都是选择出自认识的设计师之手的衣服，或者朋友的品牌。一来是因为我了解他们的品位和风格，二来也是觉得好不容易添置一次衣服，想回报一下周围的朋友。"

盥洗室和卫生间一体化

没有用墙壁把卫生间单独隔开,而是将盥洗室和卫生间连为一体,让空间更为开阔。关键是将色调统一成白色,避免显得压抑。

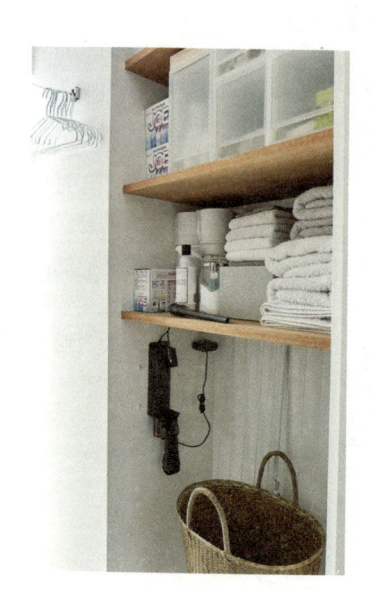

这是全部的清扫、洗涤工具

"洗脸池处推拉门后面的收纳柜里,放的是日常消耗品和毛巾。现有的这些就够用了。"

麻雀虽小，
五脏俱全的厨房

物品数量保持在每件物品都能拥有固定位置，井井有条

"料理台比较狭窄，放上东西就没法做饭了，所以我基本不会在上面放东西。"厨房虽然小巧，但每件物品都有自己的一席之地，收拾得整整齐齐的，让人觉得井井有条。

深得我心的手工餐具

刷碗由丈夫负责。为了减轻他的负担,便将食物都拼装在一张碟子里,尽量少用些餐具。"不用了的餐具我会送给或借给妹妹,更新换代。"

调味料装在尺寸统一的瓶子里

"市面上卖的调味料的包装袋并不十分合我的心意,我便把它们装进了瓶子里。"Dzegede说。这样看起来整齐划一,清爽利落。

厨房整洁的秘密藏在冰箱里

Dzegede 家的冰箱里放着只须常温保存的茶叶和曲奇。"我不想把它们放在料理台上,就把冰箱也当成了收纳柜之一,放进了冰箱里(笑)。"

储备食材时,藏起包装,放在厨房下方

居家隔离期间,储备食材也变多了,我把它们放在了厨房下方的空间里。"我不太喜欢让包装袋太显眼,收纳时会尽量让不起眼的一面朝向外侧。"

210

有风吹过的家
物品收纳之法
实用之美

简介

制作老挝、柬埔寨的手织布及原创和服布料、腰带和配饰。以PONNALET和位于叶山町的家里为中心,其作品在日本全国各地的艺术馆和活动中展示、销售。同时经营辅导和服穿法的培训班。
http://www.ponnalet.com/index.html

02 尽心钻研与物品的相处之道，用最合适的物量度日

艺术馆老板 江波户玲子

轻松舒畅，不让物品阻碍空气流动

从大大的落地窗望出去，绿色满园。江波户玲子的家明亮开阔，每件物品都拥有一段故事。

江波户女士经营着一间主营亚洲手织布和腰带、配饰的艺术馆，名为"PONNALET"。她也会在位于叶山町的家里举办辅导和服穿法的培训班。一周中有一半的时间，她会在这里度过。

由于从事和布艺相关的工作，家里有各式各样的漂亮的布艺品。餐具和布艺品虽然不少，却丝毫不见杂乱，让人大感意外。

"我所谓的舒服自在，就是空气可以自由流动。为了不让空气凝滞，我会注意物品摆放的位置。"的确，江波户家东西虽然多，但她严格地遵守着不在地板上、桌子上、料理台上放置物品的基本原则。

江波户与物品相处的关键之处,在于"故事"。在参观房间的过程中,每件物品来到她家的来龙去脉,由谁制作,她都会为我们详细地讲述。"我喜欢富有幽默感的东西,基本不会为了追赶潮流而去买什么,我只买自己觉得好的东西,选择能让生活开心起来的物品。"中意的东西,用起来,摆出来,才有意义。装饰在家里的诸多好物印证了这一点。

另外,珍惜物品,长久使用,循环利用,也是江波户的行事风格。餐具柜里的餐具,有些已经用了 20 多年。

工作中剩余的碎布,她也尽心地考虑它们的用途。"碎布我会用来做配饰,边角料则做成贴纸。布是自己选的,所以我想把每一寸都用完。"正因为尽心钻研与物品的相处之道,才得以把物品数量维持在最合适的程度。

坐落在叶山町高台上的江波户家。这里绿色满园,在院子里还能望见大海。从外面看,好似树屋。

客厅大大的落地窗经常开着,家人能欣赏庭院里的秀丽风景。用轻薄通透的布屏代替窗帘,减少压迫感。

将物品收纳在固定位置，
空间里即使物品繁多，
也能井井有条

围坐厨房，欢聚畅聊

江波户家享受天伦之乐的中心区域是厨房。大家围坐在吧台旁，欢聚畅聊。原则是除了做饭时，吧台上不放置任何物品。

意趣盎然的篮子，来自世界各地

去买布料时，一定会逛一逛篮子。"有从老挝买的，也有从韩国买的，那些国家的手工艺品做得非常出色，我很喜欢。"

喜爱的餐具长久使用

为了让客人能够自主选用喜欢的餐具，把餐具放在了外侧的柜子里。"在巴基斯坦买的叉子，已经用了大约30年。"喜欢的东西，她会长长久久地用下去。

样式新颖的收纳柜，也能当圆凳

乍看还以为是漂亮的室内装饰品，实际却是收纳柜。"我不喜欢把东西都摆在客厅的明面上，所以不用的时候，就把它们收进这里。"

爷爷的这幅画作有 80 年的历史

爷爷是一名画家，他的这幅画作，居然已经有 80 年的历史了。"在收拾老家的房子时，我发现了一幅漂亮的画。漂亮的东西不应该被束之高阁，而应该展示出来。"家人把爷爷的画作集中在一起，准备开一个家庭展览会。

有客人留宿时，沙发就变成床了

位于客厅的沙发，有客人留宿时能变身为床，因此家里就不再需要客用床了。

多加爱惜，长久使用
无须添置，物品就不会变多

日式房间端正到极致

日式房间里只有一只年代久远的柜子坐镇，辅导和服穿法的培训班就是在这里举办的。

卧室里只留下自己喜爱的事物

把自己喜爱的艺术家的作品装饰在卧室里,舒适放松。每件物品背后都有一段故事,提醒着自己,带回来的东西都物有所值。

工作中剩余的碎布,按颜色分类整理

工作中剩余的碎布,按颜色分好类后,收纳在床下。"即便是很小的一块布,我也会物尽其用。通常会用来制作细绳和包布扣。"

碎布也要用完最后一寸

把小块的碎布改造成贴纸，贴在礼品盒的封口处，对方会非常高兴。"形状图案各异，别有一番意趣。这些都是我非常珍惜的布料，所以想让每一寸都能物尽其用。"

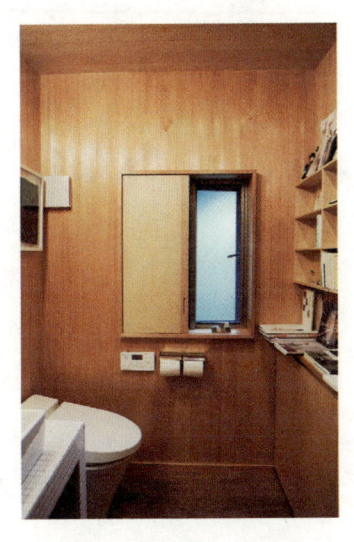

不在地板上放置物品，卫生间也宽敞干净

"我想把卫生间也变成一个让人感到开心的地方。"江波户说。卫生间里设有书架，布置得像个房间似的。地板上没有放置任何物品，让人觉得整洁清爽。

\# 断舍离践行者
\# 错落有致的空间
\# 自我轴

简介

网店"acutti"的主理人,经营理念是"让每天的生活都快乐一点点的衣、食、住"。2017年彻底翻修了公寓。著作有《篮子、木盒和老物件,精选好物,让每天的生活色彩缤纷》(wanibooks出版)等。https://www.acutti.com/

03 断舍离后,留下的是自己钟爱的"一线队员";选择物品时,坚持"自我轴"不动摇

网店老板 坏美保

搬家时的断舍离,
让自己彻底了解了什么是"喜欢"

对家里的所有物品都了如指掌。坏女士把物品数量精准地控制在最合适的程度,家里东西虽多,却井井有条。

身为网店老板的坏女士,如今生活在一间彻底翻修过的公寓里。搬新家时,她进行了一番断舍离。"之前的房子里,有许多东西自己虽然喜欢,但和家里的风格不协调,所以买回来后就一直没派上用场。这类物品,我着实处理掉不少。清理时才发现,没用的东西居然这么多,把我吓了一跳。"坏女士说。翻修后,她选择物品的标准变成"和房间风格相

称"，因为房屋本身就满载着自己的理想。"选购物品的时候，我的判断标准是和房间风格相称，因此几乎没有过买回来多余物品这样的失败经历。"

清理掉的东西里，最多的就是衣服。"以前，只要觉得衣服便宜又好看，我就会统统买回来。改变了思维方式以后，即使价格高昂，我也会选择自己真正想穿的衣服。看到自己究竟扔掉多少衣服时那种强烈的冲击感，直到现在我都记忆犹新。"确实很喜欢的衣服，就留下当布料，打算改一改，给女儿做成衣服，循环利用。

坏女士家中，尤其会精挑细选的，便是餐具了。坏女士说，计划在自己网店出售的餐具，她通常会先在家里试用。"有时，即使是一眼看中的餐具，我也会先实际地用一用，彻底检验一下它是否好用。在此基础上，再决定是否要把它列入上架清单。"反复斟酌挑选后才添置进来的物品，自然更加称心如意。"家里有这些餐具，我心满意足，因为都是想让我一直用下去的东西。"

厨房里，
满眼都是立足"自我轴"
添置进来的物品

不把物品束之高阁，享受展示的乐趣

坏女士说，我们每天都要进出厨房，正因如此，才更要只把自己喜欢的东西摆在里面。重点是把物品数量控制在自己能记清物品位置的程度。

精心挑选出来的餐具，每天都会使用

坏女士家里，餐具少得出人意料。"我挑选餐具时十分慎重，选中的餐具都会用很久，因此不会频繁添置。"厨房墙壁的架子上，整齐地排列着每天都要使用的餐具。

年代久远的橱柜里，摆放的是供客人使用的餐具，以及一些出自艺术家之手的器具，它们同时也起到装饰的作用。

生活用品和食品的储备量，控制在篮子装得下的程度

厨房用纸、海绵擦一类的生活用品，以及储备的点心、茶叶等，都装在篮子里。"把数量控制在篮子装得下的程度，更加便于管理。"

撕掉调味料的商标

调味料放在水槽附近。把它们装进瓶子里，或是撕掉商标，显得更加清爽利落。

恰到好处的留白,
让空间更显开阔

放有电视机的房间,
地板干净清爽

放有电视机的房间,给人以整洁清爽的印象。哪些地方摆放物品,哪些地方留白,错落有致,这也是让坏女士家魅力倍增的关键所在。

沙发床处的留白,清新雅致

厨房对面的休息区摆着一张沙发床,墙壁雪白。"处处都堆满物品,会让人觉得压抑,这里我便干脆选择了留白。"

小高台是女儿的心头好

角落里的小高台上，放着女儿的玩具和绘本。

小高台的下层是收纳柜，
大部分生活用品都收在这里。

化妆品数量不多，搬运方便

化妆品的数量，只够装满一只手掌大的篮子。"可以把篮子拿到餐桌处，在那里化妆。"

【摄影：林宏 插画：上坂珠理子 撰文：藤田都美子】

孩子们独立后，
回归了夫妻二人世界，或者开始独自生活。
这时，若物品数量仍和从前一致，
你是否感到有些透不过气呢？
为了自己今后可以快乐度日，
开始断舍离吧！

> 自己退休，孩子独立，
> 是时候开启全新人生了！

无论人还是物，
只要是没用的，就都放下，
开心快乐地生活，

用断舍离迎接人生终点

分清自己在今后的人生中需要什么，
不需要什么，开始断舍离

平均寿命延长后，我们进入了所谓的"人生百年时代"。退休后仍有二三十年的余生要度过，已经是司空见惯的事情了。如此，我们便需要考虑一下，如何迎接人生的终点。然而，所谓的用断舍离迎接人生终点，并不仅指安排身后事，而且是重新审视迄今为止的人生中积攒下来的物品，按下"重启"键，在今后的人生中活出自我，活得快乐，活得自由。

年轻时，往往是"该睡觉了才回家"，可随着年岁渐长，在家里度过的时间也变得越来越长。一天的生活，是在堆满物品、沉闷压抑的房间里度过，还是在只摆放了自己真正需要的物品、清爽漂亮的房间里度过？哪个更为舒适惬意？答案不言而喻。

晚年生活该如何度过？践行断舍离，正是为了回答这个问题。断舍离的范围不仅局限于物品，还有房屋、土地、人际关系等，涵盖了自己身边的一切事物。随着年龄的增长，这些事物也和物品一样，成了羁绊与束缚，让生活变得痛苦而压抑。为了自由生活，断舍离吧！

余生，你想埋身于物品中度过吗？
断舍离的契机

断舍离的契机①

退休

退休后，时间自由了，如果夫妻二人共同生活，属于两人的时间会大幅增加。同时，在家里度过的时间也多了起来，这时，应该就能体会到赖以度日的生活空间的重要性了。在充斥着物品的房间里，夫妻二人能和和美美地过日子吗？退休是个好机会，能促使我们思考究竟要如何度过今后的人生。

断舍离的契机②

孩子独立

孩子独立后，你有没有重新规划空间？孩子的房间仍旧保持原状，孩子的物品依然放在原处，房间内物品数量丝毫未减。孩子的独立，也是父母的独立，果断地转变观念，重新审视空间吧！

断舍离的契机③

和父母分离

无论是共同居住还是分开生活，父母去世后，我们都需要面对他们的遗物。与父母天人永隔，是人生的重大转折。面对父母的遗物，也是在面对自己的人生。无法立即处置也没关系，花点时间，慢慢来吧！

人生中，物品数量的变迁
你选择哪种晚年生活？

在人生的折返点，
你是将之前的物品整理清爽后一身轻松地生活，
还是继续放置不管，在"垃圾堆"中生活？

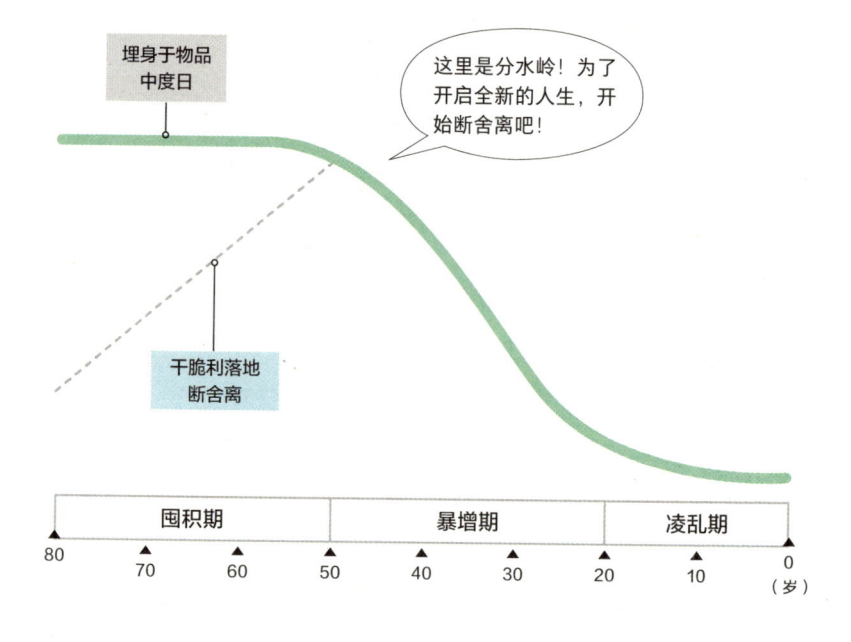

埋身于物品中度日

这里是分水岭！为了开启全新的人生，开始断舍离吧！

干脆利落地断舍离

| 囤积期 | 暴增期 | 凌乱期 |

80　70　60　50　40　30　20　10　0（岁）

凌乱期

孩童时期，凌乱是为了学习

孩童时期的杂乱无章，是学习的一部分。通过积极地接触物品，了解各种各样的事物。因此物品增多，杂乱无章，是合情合理的。

暴增期

物品暴发性增加

单身，同居，结婚，生子，从20岁到50岁，我们要经历很多事情。这段时间，随着生活中发生的变化，物品数量也暴发性增加。

囤积期

和压迫人生的物品面对面

暴增期内添置的物品被逐渐遗忘，压迫着家里的空间。要想度过美好的晚年生活，关键是从"囤积"中脱身。

花点时间去面对吧,直到释然为止

生前整理·遗物整理

断舍离时,遗物整理是一大难题。最近,随着"终活"[1]一词的流行,我们参与父母"生前整理"的机会也多了起来。遗物整理和生前整理时,要做的断舍离,就让我们花点时间,不慌不忙地进行吧!

> 生前整理
> 一场心怀感激的断舍离

对物品所盛载的回忆心存怀念,断舍离时心怀感激

生前整理分为两种情况,一种是为自己进行生前整理,另一种则是在老家进行断舍离时,和父母一起整理他们的物品。

为自己进行生前整理时,面对的都是自己的物品,也许会采用我们之前介绍的方法进行断舍离。可考虑到这是自己

---

[1] "为迎接人生终点开展的活动"的简称。指中老年人为临终而提前开展的各种活动,所做的各种准备。

的"终活",就要想一想自己不在人世后,留下的物品该何去何从。如果不做清理,离世后仍留下大量物品,那么尚在人世的人在处理它们的时候,或许会感到困扰。自己离世后,若是有些连自己都遗忘了的"不好意思见人"的东西跑了出来,可怎么办?想到这些,我们还是应该稍微改变一下断舍离的方式,一点一点地慢慢放手,慢慢整理。

在老家和父母一起整理他们的物品时,有一条很重要的原则,就是不要忽略父母的心情。父母和子女之间无须客套,面对总也舍不得丢掉物品的父母,子女往往会不耐烦地对他们说"不都没用了吗?"进行断舍离时,不要忽略物品所有者本人的心情。否则,对方也会变得固执己见,断舍离就更难推进下去了。即便对方是自己的父母,可人家的东西就是人家的。要尊重对方的心情,一点一点地进行断舍离。对父母的物品进行生前整理,是一场心怀感激的断舍离。这个环节,是为了感谢他们对自己的养育之恩,让他们毫无牵挂地上路。进行生前整理时,别忘了这份心意。

> 遗物整理
> 一场事关追思的断舍离

花点时间,不慌不忙地去面对

我们之所以提倡生前整理,是因为这样做,在整理物品时能够遵循本人的意志。一旦变成本人去世后,由家人或身边的人来整理遗物,难度会骤然增加。

遗物是故去的人曾经生存过的证据,能够让人直接感知到他的存在,处理时相当花费时间。比如,穿旧了的睡衣;

虽稍有瑕疵,但故人生前十分喜爱的专属饭碗、专用茶杯;抑或故人生前睡过的床,每每看到这些,就仿佛触痛了心中的伤痕,让人觉得孤独而痛苦。正因如此,许多人在处理它们时,总会涌起"这是在抹除有关他的回忆""不能忘记他""不想忘记他"的情绪,任岁月流逝,东西却仍旧留在原处。

一般情况下,断舍离都会告诉大家重要的是先行动起来,把物品一件一件地处理掉。然而整理遗物时,如果勉强自己扔掉,就有可能倍感失落,深深自责。因此,即使觉得"这些东西留着也没什么用",在做好心理准备之前,也没必要急于处理。

遗物整理是一场事关追思的整理。整理好心情之前,花点时间来自问自答。去面对每一份回忆,好好珍惜这些物品,直到你认为可以放手的那一刻来临为止。

等整理好了心情,觉得是时候该好好地告别了,就说句"谢谢",然后放手吧!

让余生不为物品所累

考虑一下，房屋和土地的断舍离

退休了，孩子也独立了，为了走向自己的第二人生，重新审视一下自己之前置下的产业吧，看看它们还是否必要。即使是曾经象征幸福的房产，或许都已不再必需。开始断舍离吧，走出"房产信仰"，让人生的后半程过得幸福快乐。

房子就是财富的时代已经过去了

曾经，拥有自己的房子是家庭幸福的象征。人们普遍认为，房屋是可以留给子孙后代的人生财富。那个时代，人们的价值观是只要拥有了自己的房子，人生便会安乐无忧。然而如今这个时代，生活方式日趋多样，子女继承父母的房产并继续居住的情况并不多见。房子曾经是财富，可如今，可能会是晚年生活中一块大大的绊脚石。

的确，房子是一生只买一次的昂贵物品，很难轻易放手，我们对房子的执念也强烈到无以复加。可话说回来，孩子独立了，也不用为工作操心了，自由时间充裕的晚年生活也来之不

易。住在想住的地方，去往想去的地方，才应该是晚年独一无二的自由。被房子绊住脚，难道不可惜吗？

即使住在房子里的人变少了，我们仍旧根深蒂固地认为，好不容易才买下这所房子，就应该一直住在里面，直到人生尽头。可是，为了一年只回来一两次的孩子，为了不知何年何月才能聚在一起的亲戚而留在原地，真的有必要吗？真的会幸福吗？对夫妻二人或独自一人来说，过于宽敞的房子，光是打扫就要费一番力气。何况，许多房子还被全家人一起生活时积攒下来的物品堆得满满当当的。房子大，住的人又少，收纳空间绰绰有余，于是，独立出去的孩子曾经的房间自然而然就成了储物间，回过神来才发现，已经沦为了"被封印的地带"，这种情况也屡见不鲜。宝贵的空间被家人留下的无用之物侵占，这是丰富多彩的晚年生活想要的吗？

为了自由生活，
放手也是一种选择

随着时间推移，房屋日趋老化，逐年贬值，到了一定年限后，卖也卖不出去，最终不得不独自空守着一间大房子度过余生。在发展成这种情况之前，要不要考虑一下，趁现在还有精力，对房屋土地这些给人生增加负担的东西放手？

人生的主角并不是房子，而是自己。住在一间足以让夫妻二人或独自一人舒适度日的小房子里，能省去不少收拾整理的力气。独门独户的大房子，打理院子也是一件大工程。但如果住在公寓里，自己只要打理好房子内部就可以了，有电梯的话，还不用爬楼梯，对晚年生活而言，舒适方便得多。

自己才是人生的主角。把住所换成适合现在的自己居住的地方，从"父亲""母亲"的角色中脱离出来，按下"重启"键，还身心以轻松，便能悠闲快乐地度过每一天。

选择小房子更合适的理由

方便打理

乡下独门独户的大房子,光是整理和打扫就是一项大工程。年岁渐长,体力下降,但打扫的负担丝毫未减,十分辛苦。若是还有一个大大的庭院,打理庭院也会耗费很多的时间和精力。

物品不易增加

在小房子里生活,物品本就不易增加,何况从大房子里搬走时,可以好好地进行一番断舍离,即使要添置物品,数量也有限。平日里只要把断舍离放在心上,房子就很难变成杂物繁多的"垃圾屋"。

搬家更轻松

人到暮年,最重要的就是一身轻松。没了工作和家庭的牵绊,搬家本应是一件更容易的事情。住在小房子里,搬家时才更加轻松,兴之所至时才能立即移居到新的地方。

处理掉无用之物，只留下必需之物

晚年生活中，
需要断舍离的东西

迄今为止，积攒起来的物品要放手多少，自己才能一身轻松？这是晚年生活幸福的关键所在。如果换了小房子，精简物品更是必经之路。面对一家人的过去和回忆时，请专注当下，进行断舍离吧！

要不要轻装简从、
步伐轻快地走过人生？

现在步入晚年的这代人，是从日本经济最发达的时代走过来的。他们生活在"东西多是好事，象征着成功和幸福"的价值观中，许多人都对扔东西这件事有所抵触。

于是，整个家都被人生路上攒下的大量物品占领，现在，这些物品是否成了负担，夺走了主人的自由和从容呢？他们只要问问自己，曾经给人生增光添彩的物品，现在还是否必需，就能明白，其实，真正不可或缺的东西并不算多。

步入晚年后，体力也会一点一点地发生变化。虽然这并非我们所愿，但体力还是会逐渐下降。这时，若仍旧背着重重的行囊前行，光是想想就觉得痛苦。如果你恰好面临着这种情况，何不考虑精简一下行李，背着最轻的行囊上路？人生也是如此。一直以来积攒的物品，其中的大部分对自己来说，已经是"过去的遗物"了。被这些无用之物拖累，无法享受大好人生，岂不太可惜了？

环顾四周，你会发现，人生中真正必不可少的东西寥寥无几。目之所及的大部分物品，要么没用，要么就是缺了它也没什么大不了的。如果对未来的担忧和对辉煌过去的怀念阻碍了我们前进的步伐，那就马上开始断舍离吧，让自己不再为物品所拖累。

人到晚年需要断舍离的东西

● 大而笨重的家具

步入晚年生活,首先要处理掉的,就是大件家具。"咣当"一下占据了客厅中心的成套沙发,被许多餐具塞满的餐具柜,日式房间里的大衣柜……这些大件家具,似乎代表着一家人共同生活时的回忆,许多人觉得"孩子们回家探亲时还用得到",总也无法舍弃。然而,如今,生活在这里的人变少了,若只剩一两个人,光是挪动它们就要费一番力气,未免显得有些多余。这些大件的收纳家具本就已经不再需要,趁着身体还硬朗时处理掉,空间就能变得充裕起来。

● 孩子留下的东西

孩子留下的东西也要重新审视。有些人虽然离开了家,却把老家当成储物间。不客气地说,一旦离开,那里就是别人的家了。让孩子在规定期限内把他们留在老家的东西断舍离一下吧!

● 满载着一家人回忆的物品

装有孩子成长记录和家人照片的相册,孩子曾经画的画、做的手工制品等满载回忆的物品,去海边嬉戏或一起做烧烤等共享天伦之乐时的娱乐消遣用具……这些盛载着一家人回忆的物品,也是断舍离的对象。其中,孩子画的画,还有照片,尤其让我们难以割舍，可塞在箱子里不见天日，落满灰尘，也没有发挥出它们应有的作用。精心挑选出一部分，装饰起来，其余的就干脆利落地处理掉吧！

谁能和自己自在快乐地共度余生?

人际关系的断舍离

人生过半,需要和物品一起断舍离掉的,还有人。好不容易迎来了随心所欲的晚年生活,怎么还能继续被惹人心烦的人际关系困扰?有时,我们也需要拿出面对孤独的勇气,干脆利落地断舍离,只留下让自己觉得舒服自在,能给自己带来积极影响的人际关系。

人际关系的断舍离,要考虑"距离"和"频率"

"我和那个人合不来""和他待在一起觉得心累"……总有那么一两个人,让你觉得心烦,但仍要与之相处。与人交往,可以给人生带来快乐,可另一方面,与合不来的人相处,会导致自己"压力山大",这一点又很可怕。人生已过大半,把不必要的人际关系也渐渐地断舍离掉吧,就像断舍离掉物品那样。之前,出于工作和孩子的原因,无法将一些人际关系痛快地断舍离掉。步入晚年,不必再为工作和孩子操劳,按自己的喜好来做决定也未尝不可。为了快乐地走完人生的后半程,一定要重新审视一下人际关系。

　　重新审视人际关系时，要考虑两个因素——"距离"和"频率"。比如说，和同一屋檐下的配偶、父母和子女，属于近距离接触，共处的频率也极高。尚未退休时，和工作伙伴的接触频率也比较高。反之，和虽是同根同源但已分开生活，一年大概只见一次面的亲戚之间的关系，就属于接触频率低，相隔距离也远。相隔距离越近，接触频率越高，就越容易发现对方的缺点，日积月累，便会导致摩擦。一年只见一次面的朋友和亲戚，我们是很难对他们产生不满的。

人们总是习惯于将血缘关系作为衡量人际关系亲密程度最重要的标准，其实，用"距离"和"频率"来衡量，梳理起来会更加容易。

断舍离的秘诀，在于不怕斗争

明确了要以"距离"和"频率"为标准来看待自己正在面临的人际关系问题，下一步要做的，就是"斗争"。"斗争"的对象并非和自己合不来或自己厌烦的人，而是"即使要花费心力斗争，我也想继续与之相处"的人。自己和他们相隔距离近，接触频率高，今后也要继续与之相处，但又觉得不能继续以现在的模式与之相处。尤其是生活在同一屋檐下的家人，不帮你带孩子的丈夫，脱下衣服随手一扔，任你发多少次火，仍旧把你的话当耳旁风的孩子，你对他们的不满与日俱增。然而即便是一家人，如果你不明明白白地说出来，他们也感受不到。不要逃避与他们之间的沟通，为了构建美满的关系，你必须去面对。

相隔距离远，接触频率低，想起来就觉得心烦，更别提见面了，对这样的人际关系，就不要再挣扎地维系了，默默地抽身吧！断舍离，是为了让人向前看。有些朋友，你和他们之间的话题只剩下以往的回忆和共同朋友的八卦；宝妈们组成的小团体，说是为了商议孩子的事情，却总是组织一些毫无意义的聚会，其实不过是为了确认自己的"势力范围"；

一些同事，每次聚餐都只会说上司和客户的坏话……想想看，和这些人共度的时间，真的幸福吗？对现在的自己而言，真的有必要吗？

许多人之所以无法迈出斩断人际关系的步伐，是因为害怕孤独。然而，与其陷入一段让人开心不起来的关系，独处反而自在得多。这点气魄还是要有的。

另外，人际关系的断舍离和物品是一个道理。舍弃无用之物，促进新陈代谢，一定会给你带来新鲜而美好的缘分。

> 断舍离最大的难题?!

纸制品的断舍离，从层层堆叠到少纸化

做好分类，逐渐断舍离

家中堆积的诸多物品中，种类五花八门且断舍离起来颇费一番功夫的，就要数纸制品了。书本杂志，各种各样的文件资料，每天都会出现在信箱里的广告传单……许多人的家里都被纸制品堆得满满的。

这也不足为奇。纸制品可以分为三大类——文件、书籍、资料，每一种都有让人无法舍弃的理由。而且，每一大类中，每件物品的作用又各不相同，分类时，大脑需要不停地切换。比如，社区文件和体检报告，需要保存一段时间；通知，理解大意后就可以扔了；一些能够表明自己享有哪些权益的文件，有必要保管起来……我们不得不一一进行判断，慢慢地脑子就不转了，想着"总之先收起来吧"，把收纳箱塞得满满的。一旦要用时，又无论如何都找不到。

除此之外，我们还坚定地认为资料类的物品一旦清理掉，也许就再也找不回来了，从而难以割舍。书，只要花钱买下据为己有，内心就会产生一种满足感。因此，很多人也舍不得放手。

挑战纸制品的断舍离时，第一步，就是把纸制品分成三类。攒得太多，清理时劳心费力。尽早处理，建立循环，不让纸制品在家中堆积。

纸制品分为三类

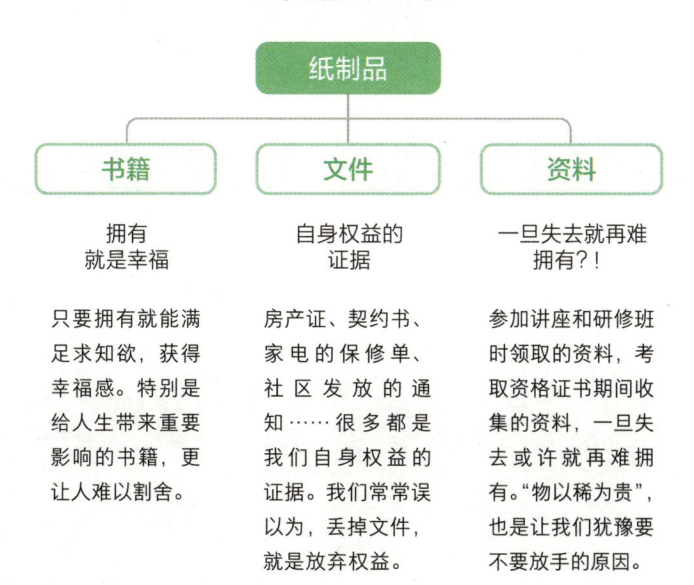

```
          纸制品
    ┌───────┼───────┐
   书籍    文件    资料
```

书籍
拥有
就是幸福

只要拥有就能满足求知欲，获得幸福感。特别是给人生带来重要影响的书籍，更让人难以割舍。

文件
自身权益的
证据

房产证、契约书、家电的保修单、社区发放的通知……很多都是我们自身权益的证据。我们常常误以为，丢掉文件，就是放弃权益。

资料
一旦失去就再难
拥有？！

参加讲座和研修班时领取的资料，考取资格证书期间收集的资料，一旦失去或许就再难拥有。"物以稀为贵"，也是让我们犹豫要不要放手的原因。

纸制品要这样精简

写有个人信息的贺年卡

一些便利店提供回收服务

带有个人信息的文件，处理起来比较麻烦，往往会越积越多。"自然罗森"的一部分店铺设有"带有个人信息的文件回收箱"，提供这类文件的回收服务，之后进行二次利用。

信用卡和各类生活缴费的明细

可以在线确认

信用卡和电话费的消费明细，可以在电脑或手机上通过网络在线确认。如果没必要保留纸质文件，就尽快换一种方式，避免纸质材料堆积。

不需要的广告传单

拒绝接收

如果是通过邮寄的方式送达，可以标注"拒收"后放进信箱。不过，对于一些来路不明的广告，拒收退回也许会把自己的住址泄露给对方，这一点还请大家注意。

物业发放的通知类文件

用手机拍下来

"某月某日因检修停电"，像这种物业发来的通知，只要了解日期和内容就可以了。将其记在手账上，标在日历上，或者用手机拍下来后，马上丢掉！

家电说明书

说实话，
扔了也没关系！

家电说明书，给人感觉挺重要的，实际却几乎没用到过。再说，最近，商家的官网上也会写明相关信息。下决心扔掉后，反而觉得没什么。

> 纸制品积攒过多，拿去扔掉时很沉的！要勤清理。

MONOTO KOKOROWO KARUKUSURU WATASHINO DANSHARI
by
Hideko Yamashita
Copyright © 2020 by Takarajimasha, Inc.
Original Japanese edition published by Takarajimasha, Inc.
Simplified Chinese translation rights arranged with Takarajimasha, Inc.
through Hana Alliance Consulting Co. Ltd., China.
Simplified Chinese translation rights © 2022 by China South Booky Culture Media Co., LTD

断舍离®系山下英子注册持有，经商标独占许可使用人苏州华联盟企业管理咨询有限公司授权许可使用。

© 中南博集天卷文化传媒有限公司。本书版权受法律保护。未经权利人许可，任何人不得以任何方式使用本书包括正文、插图、封面、版式等任何部分内容，违者将受到法律制裁。

著作权合同登记号：图字 18-2021-255

图书在版编目（CIP）数据

山下英子：我的断舍离 /（日）山下英子著；张璐译. -- 长沙：湖南文艺出版社，2022.2
ISBN 978-7-5726-0569-7

Ⅰ. ①山… Ⅱ. ①山… ②张… Ⅲ. ①人生哲学—通俗读物 Ⅳ. ① B821-49

中国版本图书馆 CIP 数据核字（2022）第 010463 号

上架建议：心理励志

SHANXIA YINGZI: WO DE DUANSHELI
山下英子：我的断舍离

作　者：[日] 山下英子
译　者：张　璐
出 版 人：曾赛丰
责任编辑：吕苗莉
监　制：邢越超
策划编辑：李齐章
特约编辑：李美怡
版权支持：辛　艳　金　哲
营销支持：霍　静　文刀刀
版式设计：梁秋晨
封面设计：利　锐
出　版：湖南文艺出版社
（长沙市雨花区东二环一段 508 号　邮编：410014）
网　址：www.hnwy.net
印　刷：北京中科印刷有限公司
经　销：新华书店
开　本：880mm×1270mm　1/32
字　数：153 千
印　张：8
版　次：2022 年 2 月第 1 版
印　次：2022 年 2 月第 1 次印刷
书　号：ISBN 978-7-5726-0569-7
定　价：56.00 元

若有质量问题，请致电质量监督电话：010-59096394
团购电话：010-59320018

人生不可少的
10个断舍离

手账

やましたひでこ

○

"断舍离"的目的不是"舍弃物品",而是"通过选择来找到对自己重要的物品"。随着年纪渐长,人们会被束缚于各种"枷锁",感知自己"现在是否幸福"的探测器也会变得迟钝。断舍离将这样的探测器称为自我认知。

当你思考对自己而言某件物品"是否必要"的时候,"思考"的探测器就得到了磨炼。此外,当你思考对自己而言某件物品带来的是"快乐还是不快"的时候,"感觉"的探测器也能得到磨炼。

"自我认知"是生命原本就具备的智慧。现代人的自我认知变得迟钝不堪,实在是一种浪费。

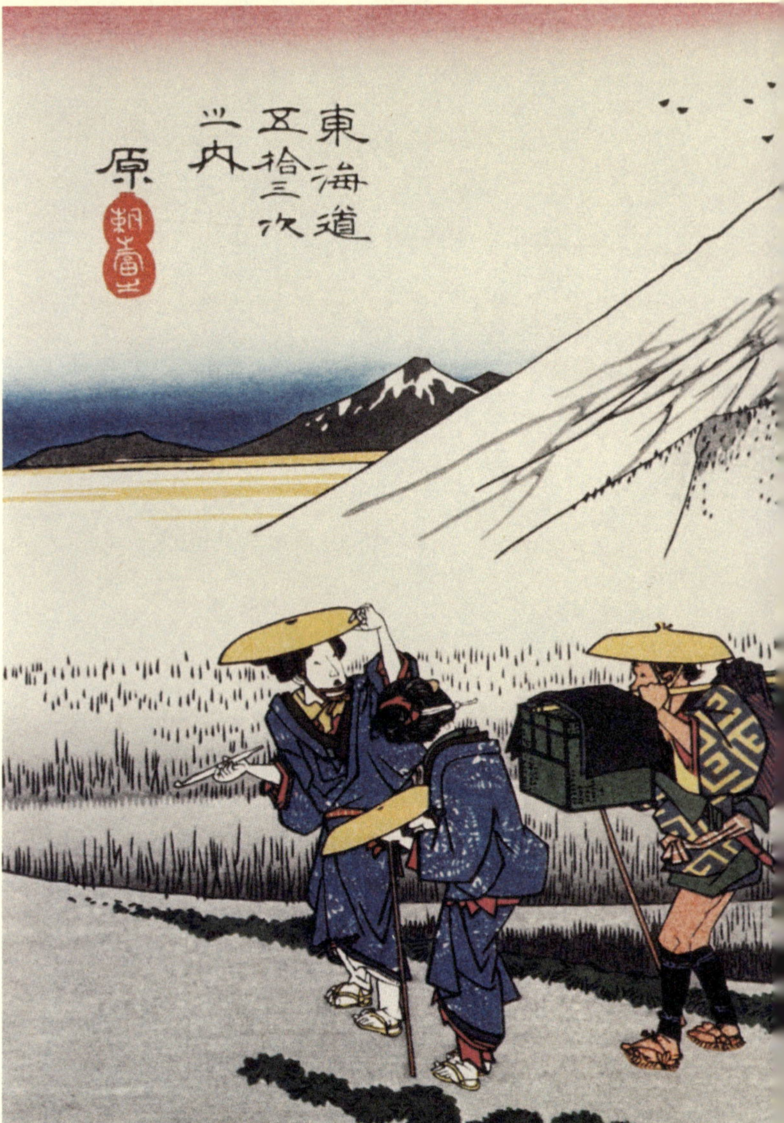
東海道
五拾三次
之内
原
朝富士

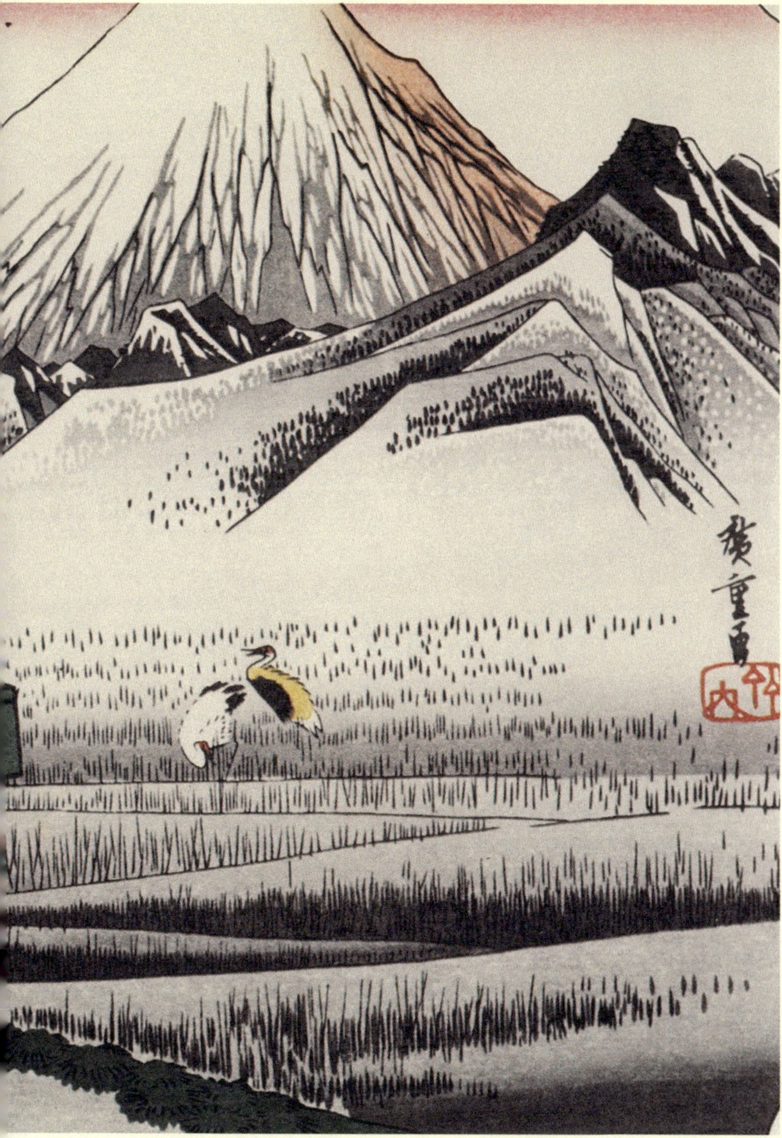
廣重画

物品

山下英子：

断舍离追求的是新陈代谢。去除堆积的物品和空间的污浊之后，唤醒空间的生机，促进生活和人生的良好转变。

借口

山下英子：

"我忙得不得了，完全顾不上自己的形象了。"我和某位友人久未碰面，这就是对方开口的第一句话。也就是说，这个人接受了因为忙碌而衣冠不整的自己，并且真的越来越邋遢。话语引起行为，行为则体现了这个人的内心，这真是可怕。因此，声调、遣词造句、说话的场合与对象，这些都必须重视！

烦恼

山下英子：

烦恼是一种看不见、摸不着的抽象情绪。前面讲的就是将它们一一列举、便于从整体视角来俯瞰问题的心灵地图。它有助于梳理内心，所以除了烦恼，还可以用于对"想法""想做的事""必须做的事"的思索。通过制作心灵地图，可以掌握自我选择、采取行动及细致观察的方法，并找到解决问题的线索。

東海道五拾三次之内
四日市
三重川

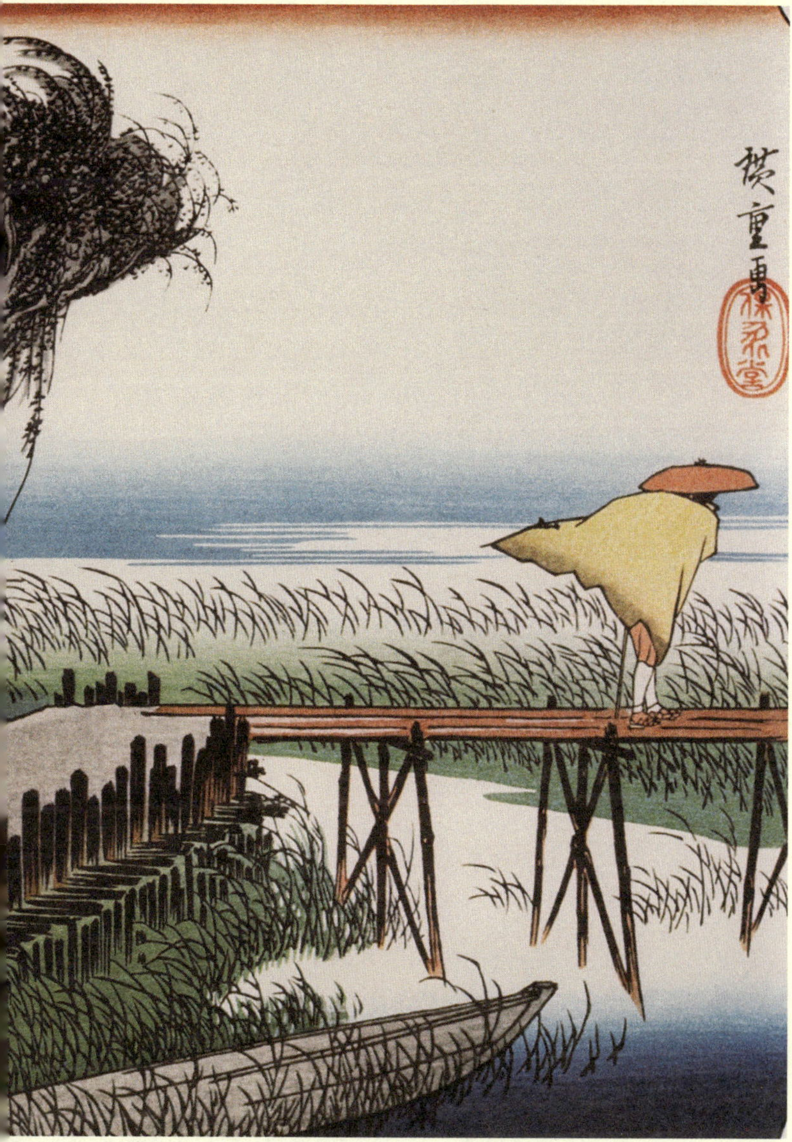
広重画
保永堂

人际关系

山下英子：

和让人"心情郁闷"的人待在一起，自己的能量很容易被夺走，和这些人要保持适当的距离。相反的是，与让人"心情舒畅"的人应该增加见面和交谈的时间。这些人能够让自己的人生更加充实，所以就算不能和对方经常见面，也千万不要久疏问候，而要注意维系长久的友谊。

信息

山下英子：

现在这个时代，只要活着，每天就会被蜂拥而至的信息包围，所以必须培养"分辨信息的能力"！获取的信息越多，越是不安。越不安，越是想要得到更多的信息，从而导致恶性循环。为了不浪费人生的重要时间，有时候拒绝信息也是很重要的。

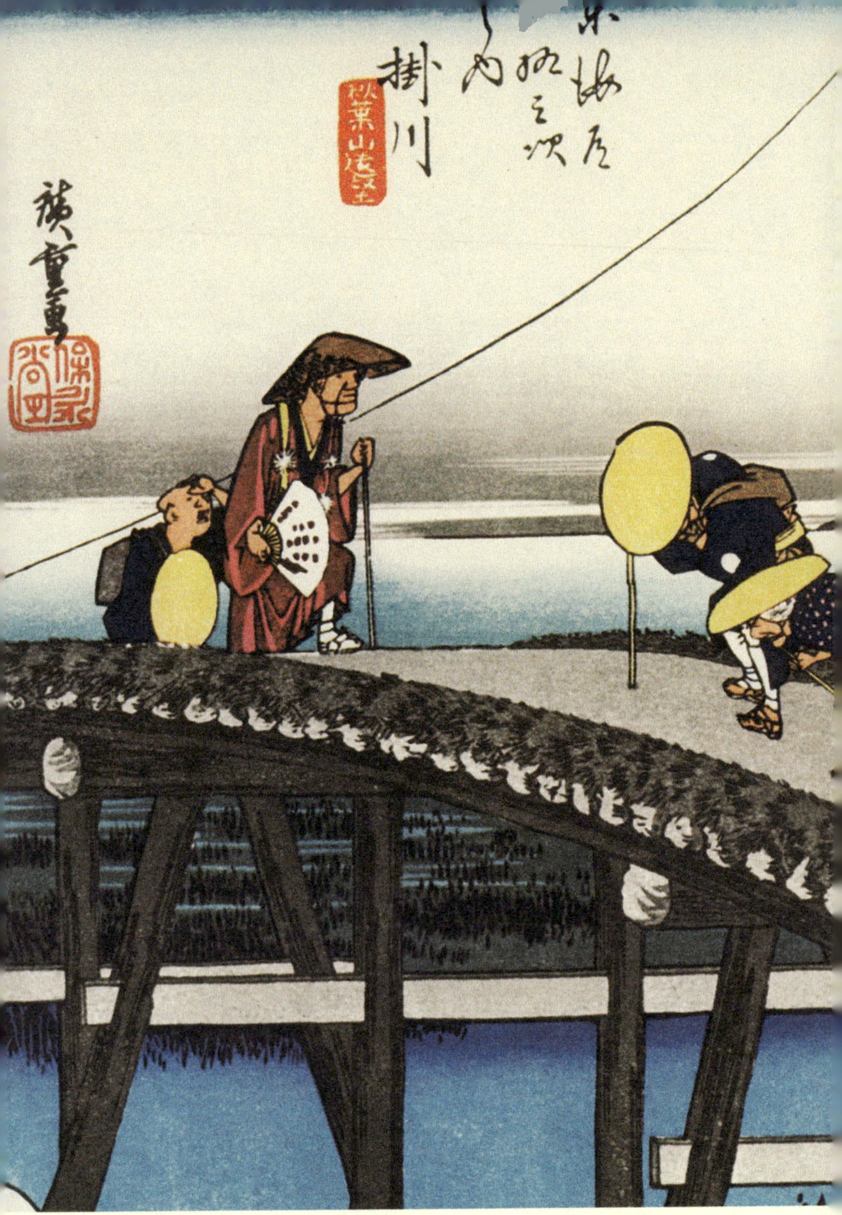
掛川
秋葉山遠望
廣重画

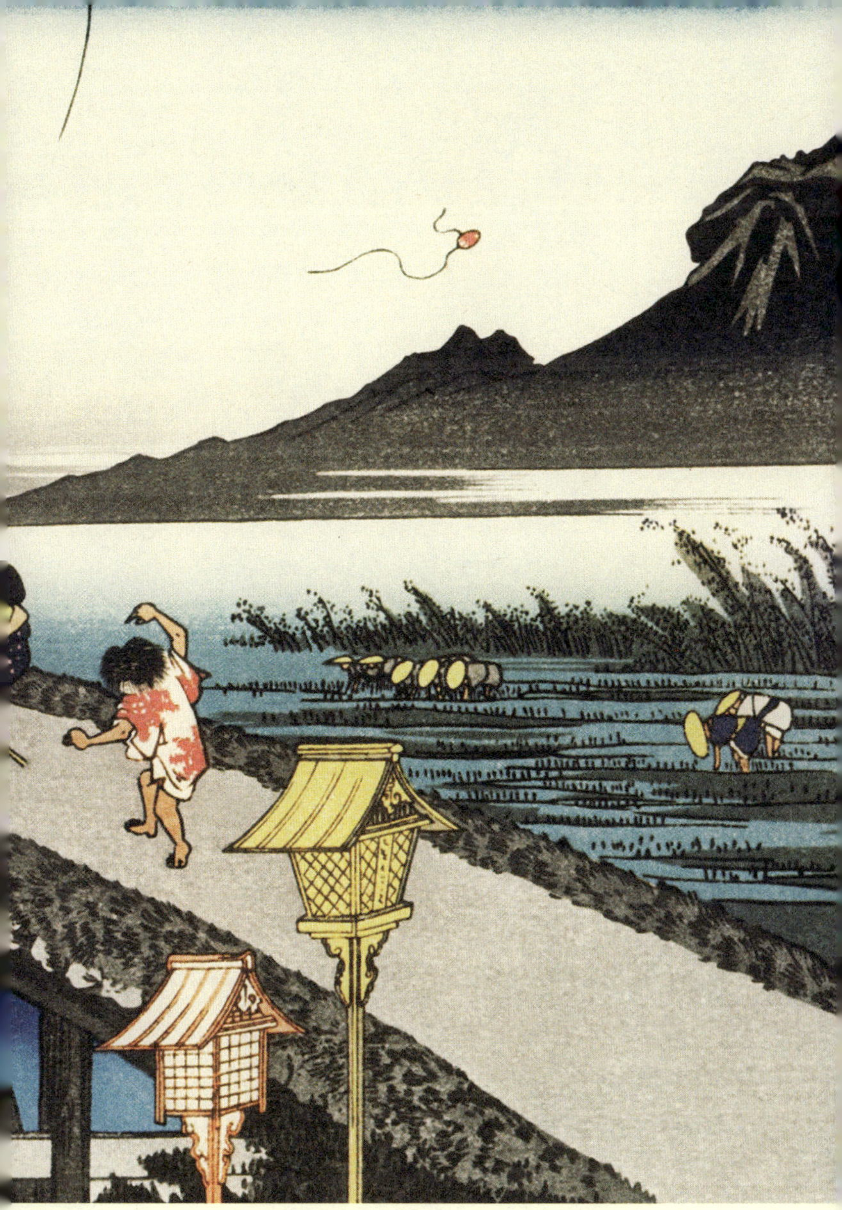

后悔

山下英子：

对于做出的选择，是关注"得到的结果"，还是关注"后悔"？对事物的看法就如同硬币的两面。如果希望保持内心冷静，当然也可以暂时不做出选择。也就是说，"不进行断舍离"这样的判断也是可以理解的。我有时候也会建议别人：如果感到困扰、产生压力的话，也可以不用进行断舍离。

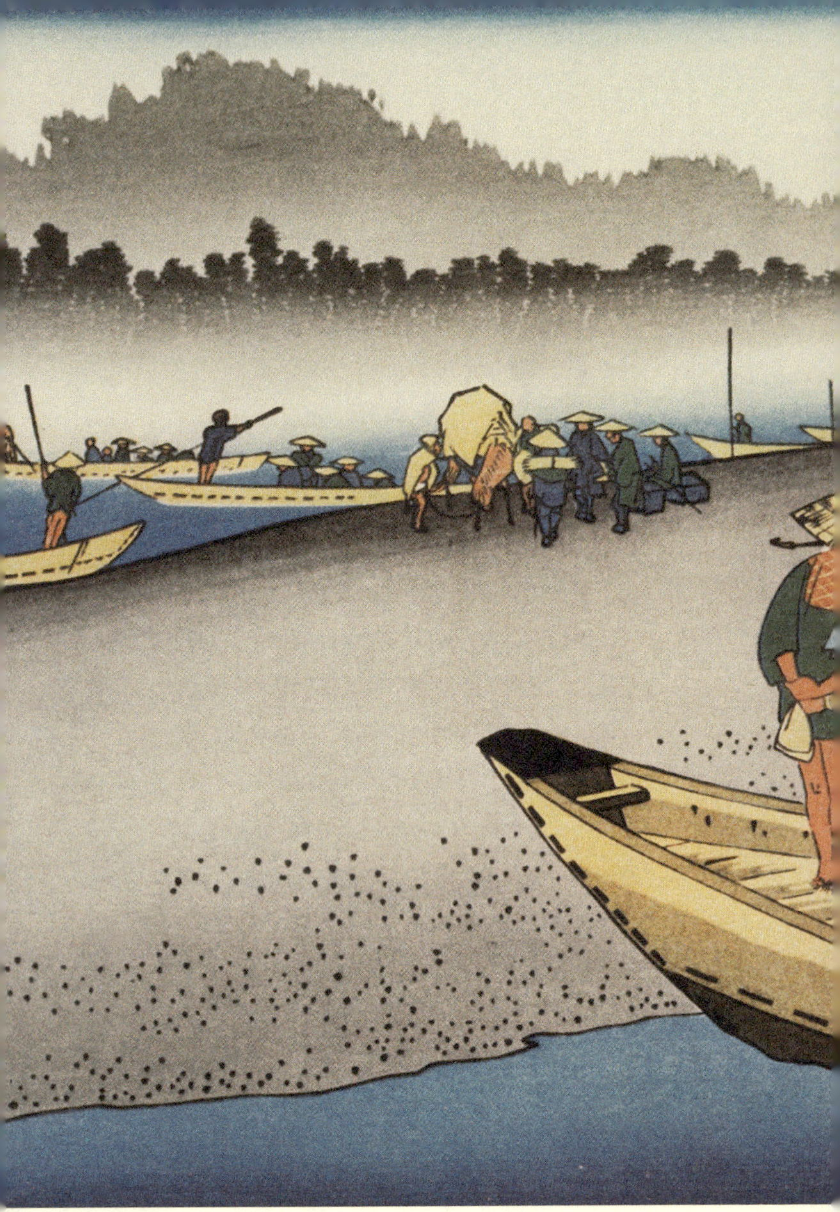

東海道五拾三次之内 見附

自私

山下英子：

"任性"的行为就是为了满足自己的想法而控制他人。这就是"自私"。表达自己的心情——"我想要这样做",则是一种"自我",但是没有必要把自己的想法强加于人。任性只会给双方留下不快的体验,"自我"却能让双方认同各自的价值观。

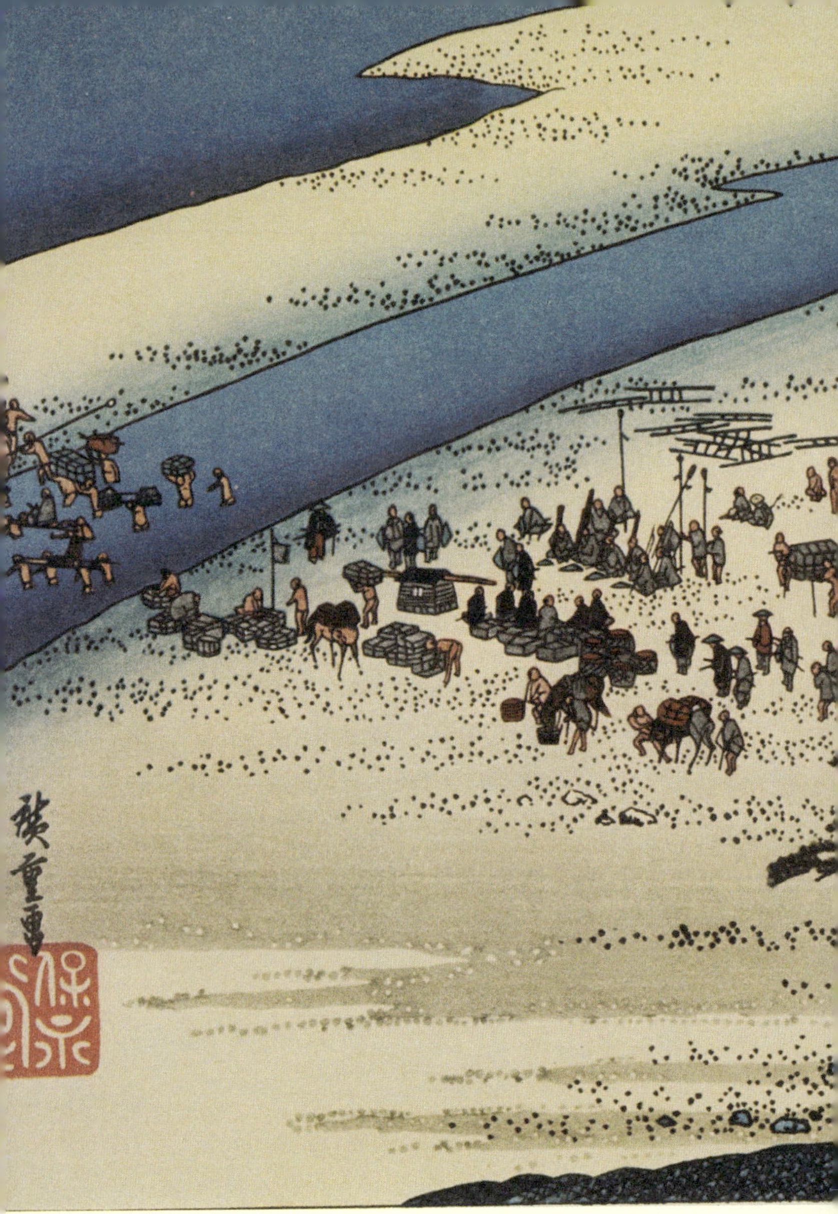
廣重画

東海道五拾三次之内
嶋田
大井川駿岸

愤怒

山下英子：

愤怒的情感也许正支配着你的人生，其严重程度远超你的想象。当你因为某个人而恼怒的时候，时间也匆匆流逝了。有的人可能一辈子几十年都在生气，人生的一切就是愤怒。我们应当尝试通过审视愤怒的"模式"来分析易怒的自我。

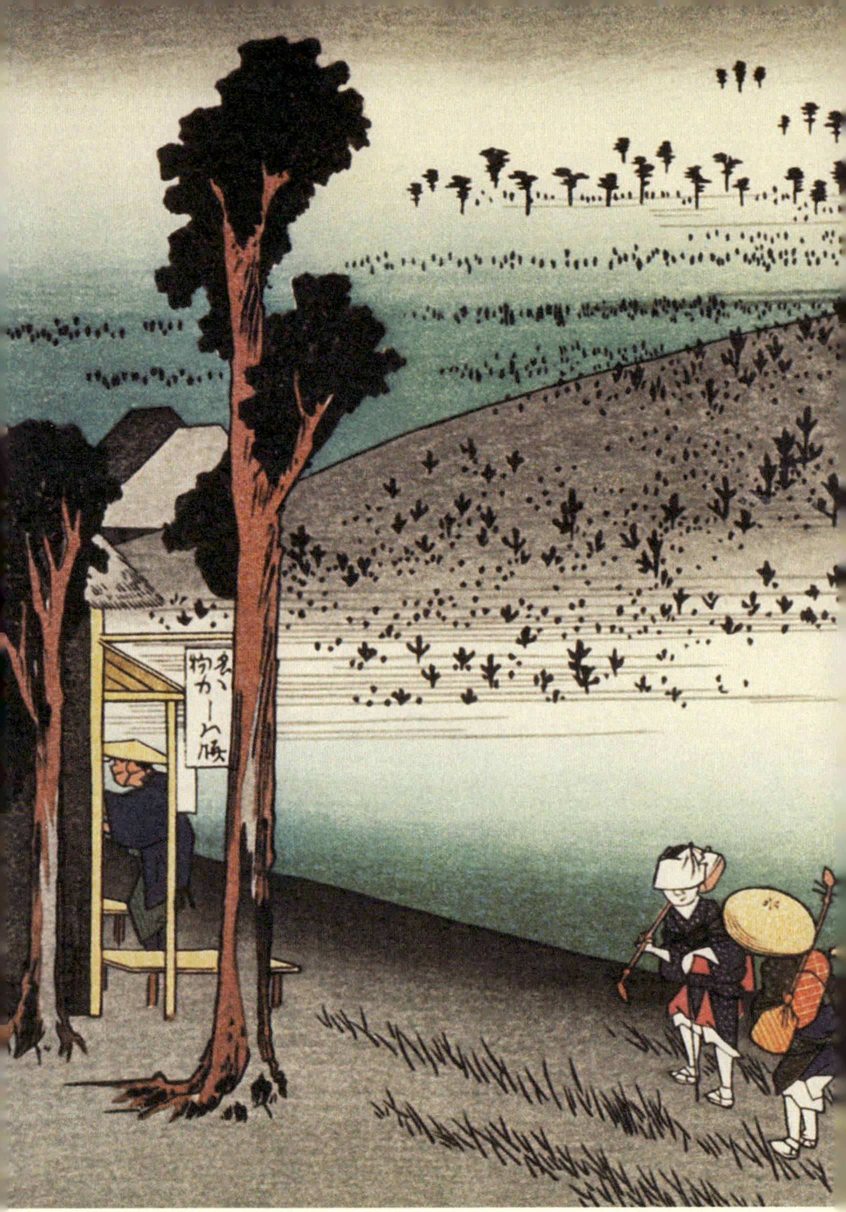

東海道五拾三次之内
二川
猿ヶ馬場

広重画

对金钱的不安

山下英子：

能够对他人和社会做出贡献的自己，活在这一刻，就是一种出色表现。这一刻的自己是否怀抱感恩之心？抑或自己是否注意到了上述这一疑问？在视线从金钱的不足和不安上转移的时刻，或许对金钱的烦恼就会发生"质变"。

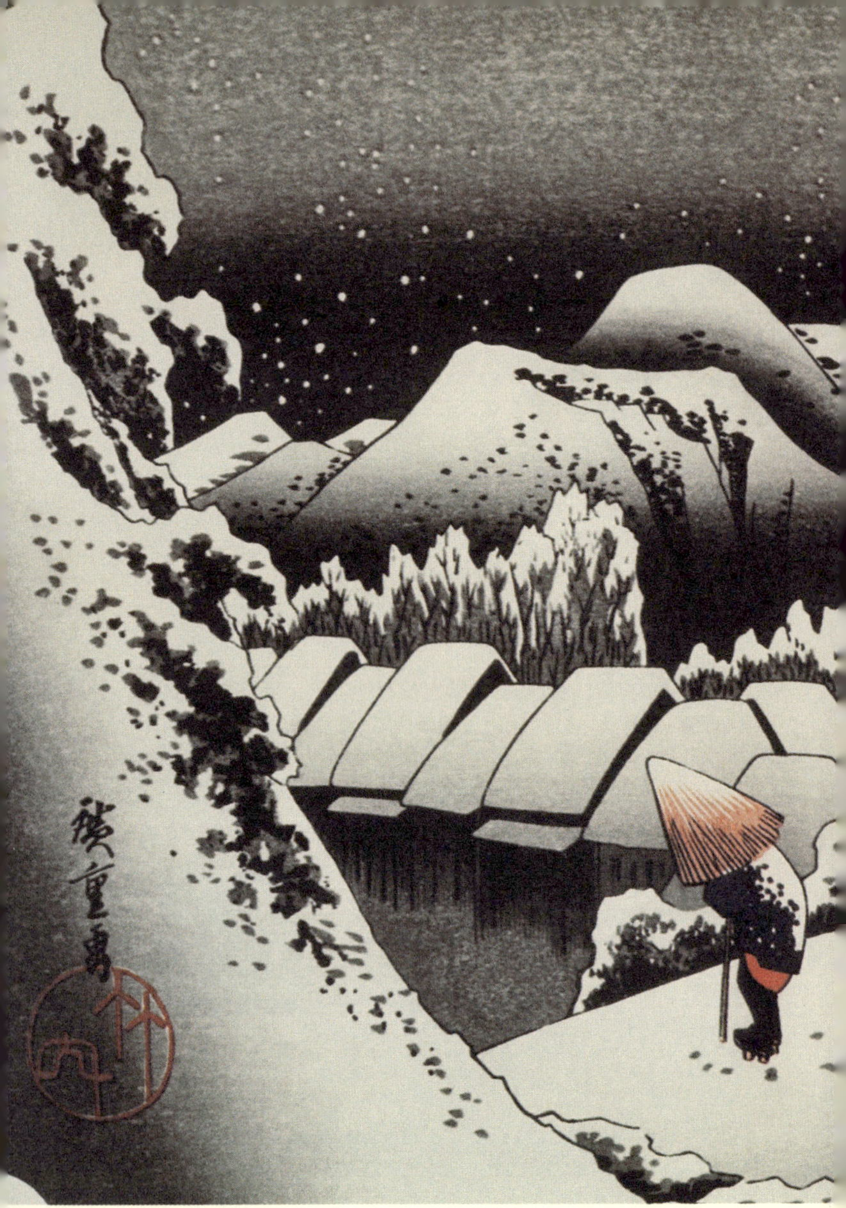
廣重畫

東海道五拾三次之内
蒲原
夜之雪

对他人的期待

山下英子：

要从对他人的期待中解脱出来，首先要承认自己的价值。就算对方不按照你的期待采取行动，对你自身的价值也没有任何损害。"相信他人，但不要期待他人"，保持这样的心境才能让你轻松愉悦。

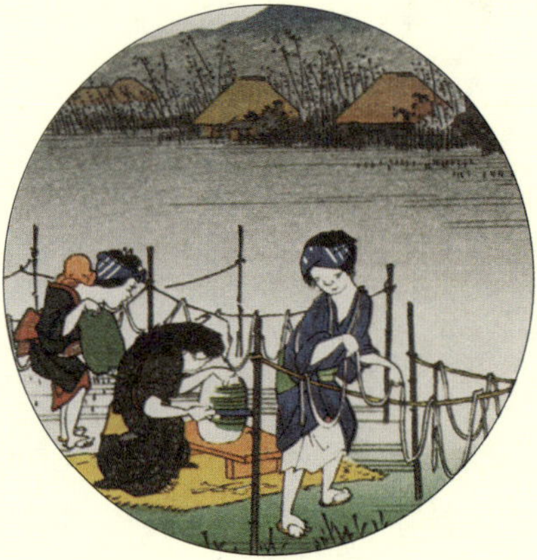